U0155783

|第二辑|

火锅

中国的美食符号

大　琦|著

图书在版编目（CIP）数据

火锅，中国的美食符号 / 大琦著. -- 北京 : 五洲传播出版社, 2022.1（2024.8重印）
（中国人文标识）
ISBN 978-7-5085-4734-3

Ⅰ. ①火… Ⅱ. ①大… Ⅲ. ①火锅菜—饮食—文化—中国—通俗读物 Ⅳ. ①TS971.2-49

中国版本图书馆CIP数据核字(2021)第247765号

作　　者：大　琦
图　　片：图虫创意/Adobe Stock　刘凤玖
出 版 人：关　宏
责任编辑：梁　媛
装帧设计：青芒时代　张伯阳

火锅，中国的美食符号
出版发行：五洲传播出版社
地　　址：北京市海淀区北三环中路31号生产力大楼B座6层
邮　　编：100088
电　　话：010-82005927，82007837
网　　址：www.cicc.org.cn,www.thatsbook.com
印　　刷：北京市房山腾龙印刷厂
版　　次：2022年1月第1版第1次印刷　2024年8月第1版第2次印刷
开　　本：710mm × 1000mm　1/16
印　　张：12
字　　数：180千字
定　　价：68.00元

序

火锅的出现，说明人类至少掌握了三项技能：获得食物、取火、制造烹煮食物的工具。获取食物虽然是基本生存技能，但是在火出现之后，熟食让人避免了更多疾病；而烹煮工具的出现，又让人们的牙齿避免了更多损耗。人类对食材和烹饪方式孜孜不倦的追求，本质上是一种生存本能。而中国人，则是把这种本能发挥到了极致。

有文字记载的中国人吃火锅的历史，可以追溯到1000年以前，有文物可考证的，能追溯到2000年之前。古人厚葬之风盛行，地下埋葬的无数文物意外地让后人得以窥见千年之前的生活方式，各种精巧的食器，无不展现着古人对于吃的智慧。中国的古人对吃如此重视，甚至与治国相提并论，于是就有了那句著名的“治大国，若烹小鲜”。

经过千年的演化，很多烹饪方式、很多风靡一时的名肴都已经失传，但是火锅，却以越来越精细的方式，从皇家贵族下沉到民间，风靡大江南北。在中国，无论是零下三十度极寒的东北，还是在椰林摇曳的海南；无论是在草原牧歌的大漠，或是在高低起伏的山城，从南到北、从东到西，不同口音、不同地域、不同风俗的人们，在主食和口味上或许有差别，但是在火锅这件事上，却都达成了惊人的一致：水开下菜，捞出蘸食，吃到酣畅淋漓，真是人间一大美事。

丝绸之路对中国饮食也产生了深刻的影响，其中最重要的影响之一，就是传入了辣椒。由辣椒衍生出的香辣、酸辣、麻辣、咸辣、甜辣……不同口味的辣搭配不同食材，又演变出无数种排列组合，不仅考验着人们对吃的想象力，也考验着食客们胃的承受力。人口的流动，不仅带来了人口的融合，也带来了饮食的融合，辣味也变得越来越有层次，让人欲罢不能。从菜肴到火锅，辣，也在一点点侵占着人们的味蕾，以独步江湖的姿态，傲视其他口味。

到今天，吃已经不仅仅是为了果腹，对很多人来说，吃什么，还关系到信仰。中国人最单纯的信仰，就是“民以食为天”。吃，永远都是天大的事。当语言无法确认族群的时候，饮食就成了确认彼此身份的重要信息。在特定时间应该吃哪些特定食材，成了人们继承先祖文明的重要标志，也是人们对信仰的承诺，和对自己身份的确认。这时，饮食就不仅仅是为了温饱，也成了人们的心理慰藉。

目 录

第一章

从食器看火锅演变

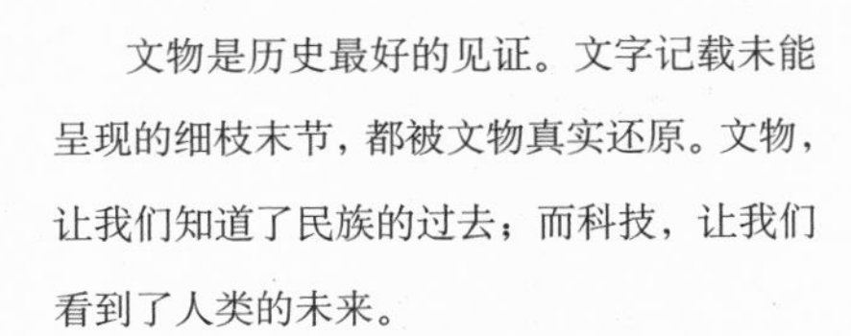

文物是历史最好的见证。文字记载未能呈现的细枝末节，都被文物真实还原。文物，让我们知道了民族的过去；而科技，让我们看到了人类的未来。

中国自古就有“厚葬”之风。这些丰厚的陪葬品有没有改变墓主在另一个世界的生活，我们无法考证。可以确定的是，每一件文物，都对考证历史提供了真实依据。

食器，作为出镜率最高的陪葬品之一，最直观地展现了古人的生活方式。火锅，既能充分加热食物，又能保证食物的口感，得到了一代又一代人的喜爱。即使古代王公贵族们的生活已经极尽奢侈，火锅仍然有着不可替代的位置。火锅相关文物，也一次又一次，出现在世人面前。

火锅　中国的美食符号

PART 01
跨越千年的吃法

早在170万年前，云南元谋人就已经学会了用火。除了照明、取暖，“火”更大的作用就是让人类的食物有了更多的可能。从第一件陶器被烧制成功，就意味着食器开始变得更加丰富。火与食器，又碰撞出了另一种全新的吃法——火锅。

很多的中国菜从菜名上就能推测出菜的做法，主料加上26种烹饪方法：炒、爆、炸、烹、煎、焗、烧、焖、炖、蒸、煮、烤、烩、蜜汁、炝、拌、卤、冻、氽、熘、拔丝、腌、熏、卷、滑、贴，有些菜名连酸甜苦辣的口味都说得明明白白，食客们望而知义，很容易选择。而火锅，名字是火，实际上却与“煮”和“氽”有关。菜品更是包罗万象，正如另一种古老的烹饪方式——“烤”，能够使用的食材，涵盖了天上飞的、地上跑的和海里游的。

在吃这件事上，中国人最不缺少的，就是想象力。

四组双层方鼎：新石器时代的陶制火锅

1989年，在江苏南京高淳县固城镇的朝墩头遗址，出土了一件罕见的四足双层方陶鼎。虽然鼎身已经不全，但是它上下两层的结构，依然清晰可见。依照其形制，这件陶制食器被命名为“夹砂陶四足双层方鼎”。

陶制方鼎距今约4000多年，推算年代属于新石器时期，是当时的日常生活用品。很明显，这件食器的使用方法是底层点火，上层烹煮食物，以供先民边煮边吃。方鼎的大小，刚好适合上桌。这样的用餐方式，已经与火锅相差无几。

那时候，这种吃法还不叫“火锅”，叫作“古董羹”。羹是对一锅食物的统称。新石器时代，人们还没有掌握太多的烹饪方法，熟食一般就是煮和烤。以肉类为主的食材通通丢入鼎中，煮成的一大锅食物，就叫作“羹”。“古董”两个字完全是谐音，因为食物投入沸水的时候，会发出“咕咚”一声，所以这种烹煮的方法，就被称为“古董羹”。

后母戊鼎：从煮肉炊器到祭国礼器

在很长一段时间里，后母戊鼎一直被称为“司母戊鼎”，直到学者重新考证，才最终确定了铭文的“后”字。在重庆的火锅博物馆，第一件展品就是后母戊鼎的仿品。

鼎，最早就是古人烹煮肉类的青铜食器，是由远古时代的陶制炊具演变而来。鼎有三足两耳，或四足两耳，足既是灶口也是支架。足下生火，

后母戊鼎

熬油煮肉。那时还没有“火锅”这么精致的吃法，鼎作为炊具，也只用来烹煮肉类，可以算是“火锅”的雏形。青铜鼎出现后，因其贵重，于炊器用途之外，又多了一项功能，成为一种重要的祭祀神灵的礼器。

后母戊鼎，铸成于商代后期（前14世纪至前11世纪）。鼎高133厘米，口长110厘米，口宽79厘米，重832.84千克，是已知中国古代最重的青铜器。鼎身有各种精巧纹饰，代表着不同的吉祥寓意。

青铜鼎经过夏、商、周三代的发展，从一个极为普遍的烹饪食器，逐渐变为礼器。青铜制造业也被贵族垄断，成为国家权力、神权的象征。因为鼎被视为国之重器，所以与鼎相关的词也格外郑重，如：问鼎中原、一言九鼎、大名鼎鼎、鼎力相助。

与“鼎”有关的另一个词——“调鼎”，也很有意思。原意是烹调食物，后来用以比喻宰相治理国家。因为文武百官就像各种食材，需要一位懂食材善烹饪的大厨，才能有效地使用好这些食材，献上一桌饕餮盛宴。宰相负责协调百官，就如同一位大厨，既要知人善任，又要善于周旋协调。调鼎用来比喻宰相，也比喻治理国家的才能，正应了那句“治大国，若烹小鲜”。

巨型大鼎逐渐成为礼器，小鼎仍是食器。江西新干大洋洲商代大墓曾出土过一个兽面纹青铜温鼎，高27厘米，口横21.4厘米，口纵18厘米，重4.5千克。温鼎花纹繁复，造型如同一只温顺的小兽。鼎身四足两耳，分上下两层，上层加热食物，下层是火膛，里面可以放炭火，还贴心地做了一个小门，防止炭烟外溢。这种小鼎有一个很可爱的名字——鼎鼎。与后母戊鼎相比，这个温鼎可以算是微型食器了。

到了西周时期（前1046—前771年），出现了金属小火锅的雏形，形制也是一种鼎，但是与温鼎主要用于保温的功能不同，这种鼎是真正用来煮食物的。鼎分上下两层，下层为空，可以放置炭火，上层用来煮食物。体型比温鼎更小，高度只有10多厘米，仅供一人食用，可以说是今天单人小火锅的雏形了。

四连环鼎：高级双鸳鸯锅

战国时期（前475—前221年），长江和黄河流域广大地区分为七个诸侯国，各国之间竞争激烈，对兵器的需求量也大大增加。青铜兵器的增多，促进了青铜冶炼技术的发展，也间接推动了青铜类生活用具的迭代。

1933年，在安徽寿县楚王墓出土了数以千计的青铜器，其中有很多四连环鼎。

这些四连环鼎简朴灵巧，没有过多纹饰，大小如同现代四个单人食小火锅并在一起，可以同时烧煮四样不同的食物。这样的设计，就像两个鸳鸯锅。

鼎身四足六耳，造型别致，圆拱形的盖子取下来时，原本装饰用的三个牺纽就成了三足，牢牢支撑着盖子，盖子就成了小碗，可以盛放食物。整个四连环鼎没有一点多余的设计，精巧实用，又不失美观，体现了2200年前楚国王室奢侈豪华的生活。

青铜连体火锅：2000多年前的青铜火锅

“北有兵马俑，南有海昏侯”。海昏侯国遗址是我国目前发现的面积最大、保存最好、格局最完整、内涵最丰富的典型汉代侯国都城聚落遗址。

海昏侯墓2011年3月开始挖掘，2016年3月最终确认墓主身份为汉武帝之孙刘贺（前92—前59年）。刘贺在世33年，经历了王、帝、侯三种身份的转变，墓葬规格也是汉代列侯等级。

墓室里发现了一个很精致的食器，三足支撑，上端是肚大口小，下端连接一个炭盘，中间没有连通。经考古专家鉴定，这是一个实用型青铜连体火锅，发掘时已有被用过的痕迹，炭盘里有明显炭迹，锅内也有使用过的迹象，甚至还有板栗等残留物。

除了这个青铜火锅之外，随之出土的还有另一个搭配火锅的重要食

青铜连体火锅

器——青铜染炉。染炉由承盘、炉和染杯组成，炉身呈长方形，口大底小。炭火加热调料，炭屑掉落到底部的承盘。“染”表示饮食方法，由“沾染”引用为沾染佐料、盐、酱等调味佐食。这就是海昏侯吃火锅时专用的蘸料器皿，具备加热、保温功能，比现在的蘸料碗碟可讲究多了。

同样是汉墓，马王堆的年代比海昏侯墓还要早100年左右。马王堆汉墓出土的一套竹简记载了当时放进墓葬里的一些食物，其中肉食按照烹饪方法的不同，分为17种、70多款，肉汤类食品有24种，调味品有19种，还有各式饮料、主食、点心、果品、粮食、酒类。在海昏侯之前的100多年，汉代的饮食文化就已经有了长足发展，不仅食材丰富，加工方式也多样。即使有这么多美食可选，海昏侯墓里仍然专门陪葬了青铜连体火锅，可见对火锅的热爱。

鐎斗：随身携带的火锅

鐎斗，又名刁斗，是一种行军用具，既可随时煮饭，又可敲响作为夜间巡逻的警报，所以也叫“锣锅”。鐎斗的规制都是每只可容一斗，所以在发放军粮的时候，每人一个鐎斗，体现公正、公平，避免了很多的争端。

从汉代到宋代，很长一段时间里，鐎斗因为精巧便携，在民间也很流行，可以烹茶、煮酒、熬粥。鐎斗不需要专门的炉灶，只要有火的地方，鐎斗往上一放，就可以使用，非常方便。民间的鐎斗，材质除了铜，还有铁、陶、瓷，手柄和三足的样式也丰富了很多。

首都博物馆收藏了一件南朝（420—589年）的龙柄鐎斗，三足是竹节状，柄做成了龙头形状，与柄相对的位置做成了流口，这样更方便把流质食物倒出，不用担心洒出来。

鐎斗

虽然近年来学术界对于“鐎斗”和“刁斗”是不是同一物品有争议，但是这并不影响鐎斗成为古代单人小火锅的颜值担当。在已出土的壁画中，就可以看到人们三三两两围坐在一起，用鐎斗吃火锅的场景，就像我们现在呼朋引伴吃火锅一样。

五熟釜：被误会的魏文帝“发明”

据史料记载，三国时期魏文帝曹丕（187—226年）对青铜火锅进行了改良，在锅内嵌入了几道隔板，把锅体分为5格，每格加入不同汤料，称为“五熟釜”。魏文帝实在是爱极了自己的发明，甚至还把“五熟釜”作为赏赐，赐给臣子，还专门赋铭。

五熟釜与鸳鸯锅相似的地方在于，底部都是互不相同的，保留了各自汤底的味道。而现代流行的重庆九宫格火锅底部是相通的，虽然可以同时煮9种食物，但是只有一个汤底。五熟釜就显得比鸳鸯锅更高级了，可以同时放5种不同的汤底。

其实，到底是不是魏文帝发明了五熟釜，一直以来争议很多。直到2009年，江苏盱眙县大云山汉墓出土了同款五熟釜，人们才知道，这种高级鸳鸯锅的历史还要早至少315年。大云山汉墓的墓主是西汉江都王刘非（前168—前128年），从他去世的公元前128年，到曹丕出生的公元187年，这中间相差了315年。刘非生前爱吃火锅，陪葬也要带上心爱的五熟釜。从海昏侯到江都王，汉王室真的是火锅“铁粉”。

除了五格的“五熟釜”，东汉时期（25—220年）还使用过“三格锅”。

✕ 五熟釜

这种三格锅从中间一分为二，其中一半又二等分，整个锅就成了三格。

2016年，湖北襄阳出土了真正的“鸳鸯锅”。这种锅其实是四足方铜鼎，这个鼎不仅有盖子，且内部还隔成了三分之一和三分之二两个容量，可以同时使用两种汤底。经专家考证，这是战国时期（前475—前221年）的“鸳鸯火锅”。

考古学的发现，一次又一次刷新着人们的认知。两三千年前的人们，已经在“吃”上下了这么大功夫，不仅在食材上精益求精，在食器上也不断改良。火锅不仅征服了当代人的味蕾，更是早已征服了千年之前的王公贵族。这份传承千年的热爱，早已把火锅的味道，印刻在了中国人的血液里。

PART 02
从鸳鸯锅到九宫格

从汉代（前202—220年）结束到唐代（618—907年）开始，中间400年时间，虽然也有过短暂的和平，但是更多的是战乱，没有出现一个大一统的王朝。

在这样的时代大背景下，吃火锅的传统依然延续了下来，而且火锅的专用食器得到了进一步的改良。火锅开始从王公贵族的宫廷宴，逐渐平民化，成为民间聚会宴请的新宠。

唐三彩火锅：是食器，也是艺术珍品

唐代盛行一种低温釉陶器，以黄、绿、白三色为主，因此这种彩色的釉陶被专称为“唐三彩”。实际上除了这三种颜色，唐三彩还有很多常见颜色，如棕红、褐红、淡青、翠绿、深绿、天蓝、茄紫、赫黑。唐三彩像青铜鼎一样珍贵，也成为王公贵族的陪葬品。

正是因为大量的唐三彩深埋地下，如今随着越来越多的唐三彩重见天日，我们才得以见识这些华丽的艺术瑰宝。虽然后世也有三彩釉陶，但是色彩总是难以复原真正的唐三彩。

在诸多的唐三彩珍品中，有一款令人惊艳的“唐三彩火锅”。这件珍品的惊艳之处，就在于其造型与之前的火锅都不相同，却与现代的炭火铜锅几乎一样。锅中间立有一个烟囱，是用来投放木炭的。木炭必须烧到通体发红，没有明火且几乎无烟的状态，这时候就可以通过烟囱一样的装置，投放到锅胆内了。加入的炭量最好与锅沿齐平，如果投放的炭太多，会造成锅胆干烧，影响使用寿命。

这样的设计，使木炭的热量得到了最大限度的利用，是一种非常聪明的发明。

金银铜铁瓷：越来越丰富的火锅食器

唐三彩火锅几乎奠定了千年后的火锅食器的形制，后来的火锅，在制作材料上包括陶瓷、铜质、锡质、银质、银镀金、珐琅、铁质、景泰蓝……几乎能用作炊具的材料全都被用遍了，不仅材质丰富多样，在外观造型上，也越来越精美。鎏金、彩釉、雕刻，甚至镂空，让人在享用美食的同时，也能够赏心悦目。目前，故宫博物院收藏着清代（1644—1911年）的掐丝珐琅团花纹菱花式火锅、乾隆御用银带盖火锅、银寿字火锅。

乾隆御用银带盖火锅非常有特色，内里分为六格，中间还有一个圆格。锅底有自带的专用银质炉架，锅顶还有一个刻着精美花纹的银质盖子，盖子的顶球酷似足球。外锅呈葵瓣，内锅呈花瓣，外形非常像现代流

清朝银带盖分格式火锅

行的鸳鸯火锅。这个银带盖火锅造型独特、样式优美、制作精细，极具艺术价值，体现了乾隆时代的审美。

银寿字火锅是清代晚期慈禧太后（1835—1908年）经常使用的火锅。锅体为银质，由锅、盖、烟囱、闭火盖组成，锅内带炉，可用于烧炭。火锅的闭火盖上雕刻着镂空的“卍”字纹，锅体有各种镶金的金银圆“寿”字、长“寿”字，还有寓意“福寿万年”的蝙蝠纹。银寿字锅用料讲究，做工精细，造型完美，深得慈禧太后喜爱。

清晚期掐丝珐琅团花纹菱花式火锅，名字比较长，恰恰说明了工艺的繁复。这只火锅主图案是菱花形，上附錾刻镀金的提手和螭耳，底部没有使用传统的三足或四足，而是设计成了圆足，蓝色锅身上饰红、黄、蓝、白等色团花纹，漫撒周身，更是有种与众不同的隽秀雅致。相比较来说，另外一只同样蓝地粉彩的清咸丰年间火锅，因为使用了“寿”字缠枝莲

╳ 民国时期的锡暖锅

纹，更显端庄大气。这两只火锅目前收藏在故宫博物院。

民国时期（1912—1949年），火锅延续了以前的形制，像唐三彩火锅一样，中间仍然保留了烟囱，但是外观相较清代火锅，可以说朴素了太多。民国时的白铜火锅，保留了三足，只在底座做了稍许镂空，既是为了美观，也是为了让空气更加流通。锅身没有任何装饰，就是一只朴实无华的锅。

今天，火锅变得更加朴实，因为人们已经从对器具的要求，转到了对食材的要求。2015年以来，为了安全考虑，商场开始被要求不能使用明火，炭火铜锅便渐渐退出了商场的餐厅，原来的炭热变成了水热，保障了安全，也少了些乐趣。

鸳鸯锅和九宫格：不讲究外表，更注重内在

鸳鸯锅可以同时使用两种锅底汤料，满足了人们对不同口味的需求。正因为这样贴心的设计，所以鸳鸯锅才流传了千年。直到今天，可能是因为太极图对中国人的审美影响至深，连鸳鸯锅的中分都会做成“S”形，很少能看到等分成半圆的鸳鸯锅。还有一种鸳鸯锅是分内外圈的，一般内圈是不辣汤底，外圈是麻辣汤底。不管是哪一种鸳鸯锅，底部都不会相通，因为鸳鸯锅的设计目的就是为了不串味。

九宫格就不一样了。闻名天下的重庆九宫格火锅器形特别大。九宫格，其实就是在锅里加了一个“井”字架，底部是相通的，任何一个格子加水，其他格子的水位都会同时升高。因为锅很大，又是圆底，所以每一部分的受热并不均匀，这就是“底同火不同，汤通油不通”。

“井”字架把九宫格分为了九格，中间的被称为“中心格”；井字上下左右四格被称为“十字格”；井字的两条对角线，被称为“四角格”。中心格火力最旺，温度最高，所以用来汆烫质地脆嫩、即捞即熟的食材，如毛肚、鸭肠、牛肝、腰片等。这些食材一般只需等待十秒就可以捞出来，这样才能享受到食物的最佳口感。

十字格是中火，温度适中，用来烫那些耗时大约2—8分钟的食材，如牛肉、黄喉、丸子等。四角格属于文火，温度最低，最适合那些需要慢慢加热，让味道完全融入的食材，如脑花、鳝鱼、肥肠、老肉片。

火锅跨越千年，发展势头依然不减，这与历代王公贵族的追捧有关，然而最重要的，还是火锅本身无法替代的口感，和那一份热气腾腾的人间烟火气。

鸳鸯锅

第二章

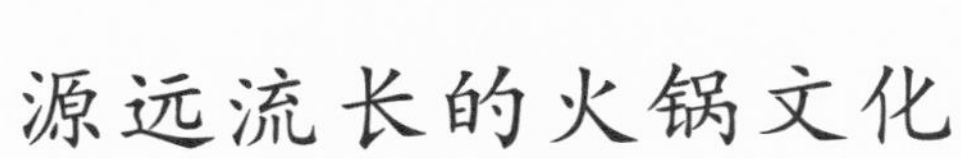

源远流长的火锅文化

从海昏侯墓的青铜连体火锅，到唐代的唐三彩火锅，再到清代帝王钟爱的各式精美火锅，都一再证明了火锅在中国饮食文化中的重要地位。

中国人吃火锅的历史源远流长，火锅已成为中国美食文化的主要符号。人们对火锅的热爱，早已跨越了时代，也跨越了阶层。

火锅　中国的美食符号

PART 01
有文字记载的火锅“第一人”

虽然出土的文物一次又一次证实了古人吃火锅的历史源远流长，但是有文字详细记载的“吃火锅”这件事，出自宋代（960—1279年）的一本书《山家清供》。

文字记载的火锅“第一人”

《山家清供》的作者林洪，是宋绍兴年间（1137—1162年）的进士。他以一个读书人的视角，严谨又详实地记录了宋人的饮食、养生、文学、历史等方面的情况，其中以饮食为主，所以也被称为“宋代菜谱”。

宋代上承千年饮食之美，下启中华八大菜系之端，是中国古代饮食文化史上一个大放异彩且承上启下的时期。从这个时期开始，中国人的食物从匮乏逐渐丰盛，良种水稻的引进、农田的开垦，以及深耕细作技术的推广，让人们获得了更多大自然的馈赠。

1998年，美国的《生活》杂志评选了过去1000年来影响人类生活的

100件最重要的事件，宋代的餐馆和小吃被评为第56件。美国汉学家尤金·N.安德森曾在他的著作《中国食物》（2003年11月中文版）一书中写道："中国伟大的烹饪方法也在宋代产生。唐朝的食物很简单，但在宋代，一种具有地方特色的精致烹饪方法得到了充分的证实。当地贵族的兴起促进了食物的发展：宫廷宴会是奢侈的，但它不像商人和当地的精英那样有创意。"

除了农业科技本身的进步，宋代饮食文化得以发展迅速的另一个重要原因，就是便利快捷的水运。在铁路和火车发明之前，水运一直都是最经济快捷的运输方式。中国有黄河、长江两条大河，却都是东西走向，缺少南北贯通的水运线。隋炀帝（569—618年）疏浚修通的隋朝大运河，是世界上开凿最早、规模最大的运河，全长2700公里，跨越10多个纬度，以河南洛阳为中心，北到涿郡（今北京），南至余杭（浙江杭州）纵贯在中国最富饶的东南沿海和华北大平原上，是中国古代南北交通的大动脉。虽然耗费民力修运河成为隋朝灭亡的间接原因之一，但大运河真的做到了泽被后世，在中国历史上产生了巨大作用。

北宋时期（960—1127年），"汴河—大运河"更是成了立国的生命线。北宋都城汴京（今河南开封）有汴河、惠民河、金水河与广济河，四渠流贯城内，并与城外的河运系统相衔接，合称"漕运四渠"。来自南方的"军食、币帛、茶、盐、泉货、金、铜、铅、银，以至羽毛、胶、漆"，源源不断地通过运河送往汴京。南北物流畅通，商品交易频繁，也促进了南北文化的交流，尤其是饮食文化。

中国十大传世名画之一的《清明上河图》，描绘的就是北宋时期都城汴京的繁华景象，重点描绘了汴河两岸的自然风光和市井写实。这幅5米长的画卷里还原了100多栋楼宇，其中餐饮店铺竟然有45家，几近半数。这里

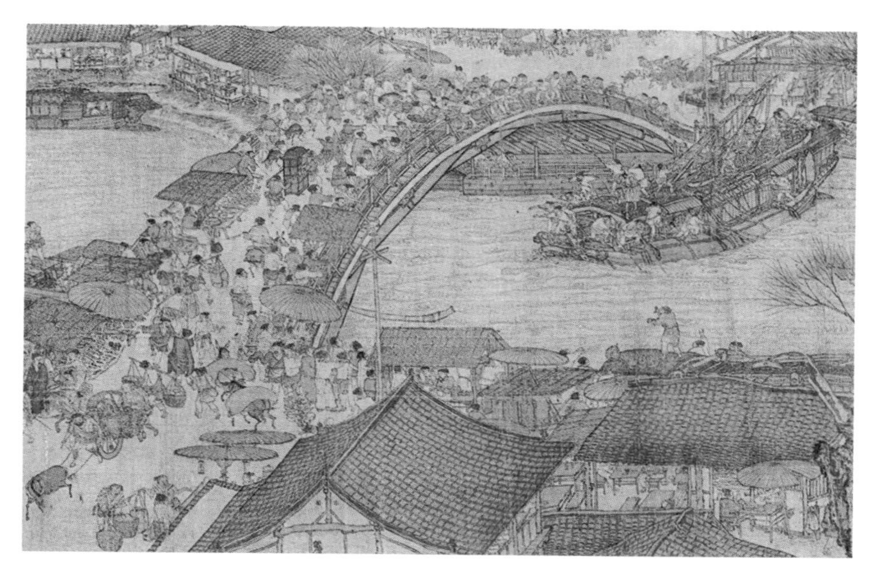

× 《清明上河图》局部

面既有简单的大排档，又有高档奢华的大酒楼，还有专门的饮品店，画卷里甚至还出现了跑外卖的店小二，由此可见，当时汴京城的餐饮业态十分成熟。

林洪在《山家清供》中就记录过三次吃火锅的经历。一次是吃“山煮羊”。“羊肉脔，置砂锅内，除葱椒外有一秘法，槌真杏仁数枚，活水煮之，至骨亦糜烂”。羊肉脔，就是把羊肉切成小片，跟葱、椒一起放在砂锅里，再加个秘方，也就是杏仁，用沸水煮到骨头酥烂。这种吃法，很像陕西西安一带的水盆羊肉。西安，古称长安，取“长治久安”之意，曾是十三朝古都，鲜衣怒马3000年，是历史上第一座被称为“京”的都城，也是中国四大古都之首。宋代沿袭唐代的一些饮食习惯，也是情理之中。

2019年热播的《长安十二时辰》，曾经完美地还原了水盆羊肉这一特色吃食。相比较现在的火锅，“山煮羊”的做法，羊肉煮的时间更久一些。“砂

水盆羊肉

锅”“活水”，加点葱姜去膻提鲜，这样原汁原味的火锅别有一番风味。

林洪记录的第二次火锅，主料用的是兔肉。那天林洪游武夷六曲寻访隐士止止师，遇到了大雪天，还抓到了一只野兔。林洪拎着兔子去见止止师，询问：没有厨师，应该怎么处理这只兔子？隐士说了这样一段话：“山间只用薄批，酒酱椒料沃之，以风炉安座上，用水少半铫。俟汤响一杯后，各分一筋，令自筴入汤、摆熟、啖之，及随宜各以汁供”。翻译成大白话就是，兔肉片成薄片，先用酒酱椒料腌制，炉子上烧半锅水，水开了就涮肉，还可以蘸点自己喜欢的料汁。这个吃法，已经跟现代火锅吃法没什么差别了。

后来林洪到了杭州，又一次吃起了“涮”锅，想起了在武夷山那次涮野兔的经历，忍不住写了一首诗“浪涌晴江雪，风翻照晚霞”，看上去是在写风景，其实说的是，涮好的兔肉色泽宛如云霞，于是又给“野兔锅”取名“拨霞供”。诗的最后两句还不忘回忆山上那顿涮野兔有多美味“醉忆山中味，都忘贵客家”。林洪把这件事也记入了《山家清供》，还不忘加一句“猪、羊皆可作”，意思就是，猪肉和羊肉也可以参考兔肉的做法，片成薄片，下沸水摆熟，然后蘸料吃。

“拨霞供”名字非常风雅，也可能是因为太风雅而且不够朗朗上口，所以流传最广的名字，还是“火锅”。

林洪是南宋泉州府晋江县安仁乡人，也就是今天的福建省晋江市石狮，故《山家清供》一书中，描述的大多是南方饮食。南宋时期（1127—1279年），都城从南京应天府（今河南商丘）迁至临安府（今浙江杭州），这时北方的主要势力是辽、金、西夏和蒙古，各势力之间常年战争不断。南宋虽然偏安一隅，但是因为时局相对稳定，经济文化都得到了长足发展，也因此带动了饮食文化的发展。

1984年，在内蒙古自治区昭乌达盟敖汉旗康营子发现了一座辽墓。这座辽墓甬道的东西两面墙壁上，都发现了壁画，其中一幅壁画上有四位戴着头盔的将士围坐在一个大鼎旁，三足大鼎下的火光照亮了四人，鼎内汤已沸腾，上面还漂着待熟的肉片。桌上有两只小碗，里面盛放着佐料。这幅壁画完美地再现了1000多年前契丹人涮火锅的场景，也是像文字一样有力的历史佐证。

PART 02
皇家推崇，大行其道

自宋代之后，关于火锅的记载，更多的是与宫廷相关。来自皇家的推崇，让北方的火锅无论从食器上还是食材上，都显得格外华丽精致。1000多年前，曾经征服王公贵族的饮食，一代又一代传承下来，依然被宫廷青睐。

元明清的“涮羊肉”

元世祖忽必烈（1215—1294年）是一位火锅爱好者。相传忽必烈攻宋期间，由于大部队离开草原太久了，战马的草料和士兵的干粮开始供应不上，行军速度变慢，进入中原后整个军队的生活方式也不得不发生很大改变。有一次与宋军交战，忽必烈的士兵们都已经筋疲力尽，饥肠辘辘。忽必烈命令伙夫以最快速度上饭，伙夫来不及煮肉，只好把肉切成薄片，捞出来放上佐料。将士们吃得很满足，士气大涨，跟着忽必烈一起打了胜仗。忽必烈非常开心，就为这道菜起了一个特别接地气的名字——“涮羊

涮羊肉

肉”。老北京人到现在也很少说“吃火锅”，更偏爱说“涮羊肉”，可见这个名字多么深入人心。

明代初期民生凋敝，百废待兴，明太祖朱元璋（1328—1398年）倡导节俭，对金银的使用也有严格的规定。皇家都很少用，一般的百姓家里更是没有资格使用金银制品。

但即使是厉行节俭的朱元璋，也在明洪武元年（1368年）命人打造了一只精致的银火锅。这只火锅的锅盖上有“大明洪武元年造”字样的铭文，火锅左侧刻铭文“子孙满堂”，右侧刻铭文“有喜鹊落眉梢”。这只火锅不仅铭文喜庆，造型也很别致。可见朱元璋对火锅的喜爱。

民间传说是朱元璋发明了“风羊火锅”。朱元璋是濠州人，就是今天的安徽凤阳。风羊火锅，是安徽大别山的特色美食。这可不是一年四季都能吃到的，必须是进入冬季之后宰杀的羊，除净内脏之后，挂在风口处，自然风干半个月至一个月再取下来，剁成块放入淘米水浸泡一天，再换清水。特定季节的羊肉，经过这样特殊的处理，做熟之后会格外酥烂油润，带着一种特殊的香气。

到了清代（1636—1912年），皇家对火锅的推崇可以说到了登峰造极的地步。

清代每一位皇帝都喜欢吃火锅，这也直接推动了火锅从食器到食材的各种改进。火锅，在清代皇宫中又称热锅，经过了上千年的发展，火锅的食器已经经历了从新石器的陶到夏商周的青铜鼎、唐代的低温彩釉唐三彩，再到明代的纯银火锅等多种材质。到了清代，火锅食器已经有陶瓷、纯银、银镀金、铜、锡、铁等材质。

除了食器材质的多种多样，吃火锅的形式也有了改进，基本形式有两种，一种是传统的“锅中带炉”，炉内烧炭火，把水烧开，然后把生鱼、生肉、蔬菜等食材放入沸水中烫熟；另一种是组合式，由锅、炉支架、炉圈、炉盘、酒精碗5部分组成，可以上桌做火锅，也可以放在一旁温酒、温食。

乾隆，最爱吃火锅的皇帝

在清朝皇宫的大小宴席中，总是少不了火锅。

康熙五十二年（1713年）农历三月，康熙皇帝60大寿。为了表示皇恩浩荡，康熙决定在畅春园举办一次大型宴会，只要年龄65岁以上的老人，无论是官是民，都可以到京城赴宴。宴席开了3天，参加宴会的老人多达6600余人，再加上人数不详的八旗老妇人，总计不下7000人，盛况空前，史称“千叟宴”。

康熙六十一年（1722年）正月初二，康熙举办了第二次“千叟宴”。初二、初五的两顿饭，合计宴请了1020位老人。当时年仅12岁的皇孙弘历，也就是后来的乾隆皇帝参加了这次宴会。

乾隆可以说是清朝最爱吃火锅的皇帝了。史料御膳记载，乾隆三十年（1765年）正月十六，早膳第一道菜是燕窝红白鸭子南鲜热锅，晚膳第一道菜是燕窝鸭子热锅；正月十七日，早膳第一道菜是燕窝肥鸡鱼脍，晚膳第一道菜是野鸡热锅；正月十八日，早膳第一道菜是炒肉炖酸菜热锅，晚膳第一道菜是莲子八宝鸭子热锅。连着三天，乾隆皇帝从早到晚都在吃火锅。

乾隆四十四年（1779年）八月十六日至九月十六日的御膳记载，共上各类火锅23种、66次，有鸡鸭火锅、舒意火锅、全羊火锅、黄羊片火锅，还有鹿肉、狗肉、豆腐、各种菜蔬等不同的火锅食材。一个月吃66次火锅，可见乾隆对火锅的热爱程度。

按照清制，在皇帝万寿、元旦、除夕及诸令节，帝、后、妃、皇子、皇孙以及王公们，阖家在乾清宫举行盛宴。因为这是清帝及其爱新觉罗家族在节庆之日于乾清宫举行的阖家盛宴，所以也称为“乾清宫家宴”。

乾隆四十八年（1783年）正月初十，乾隆皇帝在乾清宫家宴上大筵宗室，一次办了530桌火锅。但是这次火锅宴还没能让乾隆过瘾。或许是想起了少年时参加爷爷康熙皇帝的千叟宴，在乾隆五十年（1785年），为了庆祝自己执政五十周年，乾隆也举办了一次“千叟宴”。宴开800多席，席间氛围实在太好了，参加宴会的人无不尽兴而归。

清嘉庆元年（1796年）正月，乾隆传位给第十五子颙琰，就是后来的嘉庆皇帝。升级为太上皇的乾隆，又举办了一次“千叟宴”，共有3056名70岁以上的老人从全国各地赶来，参加了这场声势浩大的宴席。宴席上，106岁老人熊国沛和100岁老人邱成龙被赏六品顶戴，90岁以上老人梁廷玉等被赏七品顶戴，列席老人都得到了乾隆御赐养老牌。

国祚276年的清王朝，总共举办了4次“千叟宴”。皇帝带头敬老爱老，上行下效，全国也盛行敬老之风。“千叟宴”上，众人不止品到了正宗的宫廷玉液酒（真实的名字叫玉泉酒），还尝到了正宗的皇家火锅。

慈禧最爱的菊花火锅

清末，火锅仍然是掌权者的最爱。据史料记载，慈禧太后酷爱“菊花火锅”。菊花入馔，最早可以追溯到魏晋隐士陶渊明（约365—427年）。他有一句诗流传千年，极富意境，“采菊东篱下，悠然见南山。”田园诗人怡然自得与世无争的生活，令无数人憧憬。那诗人“采菊”之后呢？原来是用菊花做了火锅。相传，陶渊明在吃火锅的时候，总会在火锅里放上几朵菊花，不知是为了好看，还是为了风雅，或者单纯只是为了败火。

这种风雅的吃法一直在江浙一带流传，直到清末，被慈禧发扬光大。慈禧太后酷爱菊花，曾命人在御花园和圆明园栽种了三四千盆名贵的菊花，这些菊花不仅用来欣赏，还要供慈禧饮用、洗手，以及做成慈禧最爱的冬日御膳——菊花火锅。

曾经在慈禧身边做过两年女官的裕德龄（1886—1944年）写过一本《御香缥缈录》，其中详细地记载了慈禧太后挚爱的菊花火锅。作为御膳的菊花火锅，用的是指定品种的菊花，叫作“雪球”，是一种白菊花，这种菊花花瓣短且密，清香洁净，宜于煮食。

每年到了深秋时节，宫女们就去花房挑选开得最好的“雪球”，拆散了花瓣，在温水里泡一刻钟，洗净后再放到竹篮里沥去水分，等到西膳房的人端出慈禧最爱的银寿字火锅，盛上用名贵食材熬制的肉汤，配着生鱼片、鸡肉片，再端出调料的味碟，这时候就把洗净的菊花瓣放到两个银盘里，摆上膳桌，端到慈禧面前。

放花瓣的顺序是：先由小太监打开锅盖，拿在手里在一旁小心等候，等慈禧用银筷子把自己喜欢吃的生鱼片、鸡肉片投入锅内。小太监得有眼力，慈禧放下筷子，就要紧跟着盖上锅盖。算着时间差不多了，再上前打开锅盖。这个时间的长短，完全取决于放入锅中食材的多少，以及是否易熟，所以什么时间打开锅盖，也是需要经验的。二次打开锅盖后，慈禧会亲自放入菊花瓣，等菊花的清香完全渗入汤内，再包裹着鱼片、鸡片一起煮熟。鸡肉鱼肉事先已经过仔细处理，此时再加上菊花特有的清香，味道更加鲜美。

慈禧有多喜欢吃火锅呢？《宫女谈往录》里说："从（旧历）十月十五起每顿饭添锅子（火锅），有什锦锅、涮羊肉，东北的习惯爱吃酸菜、血肠、白肉、白片鸡、切肚混在一起。"

这种雅致的吃法从宫廷流传到了民间，很快也成为文人墨客们的最爱。一到深秋、初冬时节，京城的酒肆间就会飘荡着菊花煮沸后独特的清香。《清稗类钞》的作者徐珂（1869—1928年）曾记录过菊花火锅有多受欢迎："京师冬日，酒家沽酒，案辄有一小釜，沃汤其中，炽火于下，盘置鸡鱼羊豕之肉片，俾客自投之，俟熟而食。有杂以菊花瓣者，曰菊花火锅，宜于小酌，以各物皆生切而为丝为片，故曰生火锅。"

皇家宴请主打火锅，清宫历代掌权者都喜爱火锅，火锅成为风靡全国的时尚饮食。

PART 03

火锅，越吃越讲究

火锅在现当代的南北大融合，以及由此带来的突飞猛进的发展，还有两个比较关键的时间节点。一个时期是1938年至1945年抗日战争期间，国民政府迁都重庆，重庆成为临时陪都。另一个时期是在中国改革开放后，民营经济的活跃，促进了餐饮业的发展。火锅成为中华美食文化中最受大众欢迎的饮食代表。

“登堂入室”的重庆火锅

重庆有长江航运的天然优势，交通非常便利，地形上四面环山，易守难攻。更为难得的是，重庆不仅多山，而且多雾，多少能够弥补一些制空权的缺失。

在各种综合考量下，重庆成为当时中国的政治、军事、经济、外交中心。随着官员政要一起来到重庆的，还有大批有志于民族复兴的青年学子，大批著名的教育家、学者，还有众多文化艺术界名流也都来到重庆定居。文化名人、工商巨贾、高官政要、莘莘学子集中到了山城重庆，各种文化思潮、人文风情、方言土语交融汇集，这段特殊的历史时期，造就了重庆特殊的陪都文化，其中也包括饮食文化。也是在那段时期，重庆餐饮形成了其独特的流派。现在的重庆渝派菜，既有原生特色，也能找得到出处。煎炸烹炒、烧烤炖焖中均能找到淮扬菜、东北菜、湘菜、粤菜以及鲁菜的诸多影子与味道。这样的口味大融合，也正是陪都美食文化的一大特色。

也是从这时起，重庆火锅从江边渔船的简陋粗放、挑夫肩头的沿街贩卖，变成了迎接八方来客的特色美食。当人们在茶馆听完评书、畅谈完国事，最能慰藉五脏庙的，就是乘着兴致到火锅店，三五成群围炉而坐，一口热气弥漫、麻辣鲜香的锅子，旁边是码放整齐等待入锅的鸡、鸭、牛、羊、鱼、虾，荤的素的，五颜六色，人的视觉和嗅觉已然得到极大满足，兴致起时，说话声音也大了起来，不由得呼朋引伴，大快朵颐。

※ 重庆

在重庆吃火锅，也不用讲究太多礼数，围炉坐定，各自选自己爱吃的食材，入锅急涮，蘸料就吃。这本就不是能等的菜式，再长篇阔论地聊起来，烫熟的美食凉透了，就失去了火锅的趣味。尤其在深秋之后，凉意变寒意的时候，一口热辣的美食入肚，马上感觉通体都被结结实实地温暖了。不管能不能吃辣，一顿火锅吃完，整个人都会觉得酣畅淋漓，身心舒坦，这种极度放松又极度满足的感觉，很容易让人上瘾。重庆火锅，就是这样征服了八方来客。

被这种味道和感觉征服的人们，又把重庆火锅带出了重庆，风靡全国，甚至可以与皇室推崇下衍生的老北京火锅分庭抗礼。

五老火锅宴

1978年12月十一届三中全会后，中国开始实行对内改革、对外开放的政策。对内改革先从农村开始。1978年11月，安徽省凤阳县小岗村实行“分田到户，自负盈亏”的家庭联产承包责任制，俗称“大包干”，拉开了中国对内改革的大幕。这是中国现代史上极具里程碑的事件之一，小岗村也因此成为中国农村改革的发源地。

小岗村的故事为人所熟知，因为这是农村改革的起点，也是对内改革的起点。而工商业的对内改革，也有一个让人津津乐道的故事。

1979年1月17日，邓小平同志在人民大会堂邀请了5位民建、工商联的代表，就改革开放的发展建设展开讨论。这5位在工商业都有着非凡的成就，是过去几十年里实业救国的楷模，在工商业也都有着举足轻重的地位。

这次会议从早上一直讨论到了中午12点，5位老人对于中国未来工商业的发展进言献策，气氛热烈，大家心情也都很激动。这时，邓公看了看时间，笑着说："肚子饿了，该吃饭了，今天我们聚聚，我请大家吃涮羊肉。"

工作人员在人民大会堂福建厅的一角支起了圆桌，白菜、豆腐、羊肉卷、白水火锅依次被端上桌，邓公和5位老人围着热气腾腾的火锅，展望着中国美好的未来。这就是著名的"五老火锅宴"。

在这顿火锅宴之后，5位老人率先带头响应了国家政策，在他们的带动下，其他工商业者看到了行业未来的希望，纷纷行动起来，民营经济也如火如荼地发展起来。这场"五老火锅宴"，成为民营经济发展的里程碑，算得上是中国现代史上最有价值的一场火锅宴了，被形象地称为"一个火锅，一台大戏"。

火锅，作为特色餐饮行业之一，以其简单、快捷、经济、营养的模式，成为大众化餐饮中的重要组成部分，受到了不同年龄段、不同消费水平人群的共同喜爱。

第三章

食里乾坤大

中国几乎涵盖了世界上所有的地形，不同居住地的人们有着不同的饮食习惯。有趣的是，无论是居住在山地、丘陵、平原，还是高原、盆地；无论口味差别多大，对于火锅，东南西北的中国人都有自己的独到心得。

不同的地域，不同的食材，不同的锅底，不同的蘸料，唯一相同的，就是不分四季对火锅无法阻挡的热爱。

火锅　中国的美食符号

PART 01
从贵族宴席到百姓吃食的北京涮羊肉

北京，中国的六朝古都。自明永乐年间迁都（1421年）以来，六百年皇家文化的交织荟萃，最终使北京成为世界文化遗产中一颗耀眼的明珠。作为中原地区的北端繁荣富庶之地，毗邻游牧民族区域，在几百年中原文明、游牧文明的融合中，北京也形成了自己独特的饮食文化。

京城美食的烹饪方法全面，注重口味，重油、重盐甚至重酱。除了宫廷菜之外，民间菜品以猪肉为主料的菜大多会用芡汁锁水，提升滑嫩口感，并且让味道更好地依附在食材上。古时可用的肉蔬类食材少，自宫廷流传出来的许多小吃，就在民间推广开来。

2011年，北京被《福布斯》列为世界第十五大购物之都，第八大美食之城，著名的美食有北京烤鸭、炸酱面、涮羊肉。

把羊肉吃到极致的北京铜锅涮肉

北京人管火锅叫作“涮肉”。许多老字号的店名都是“涮肉”。老北京铜锅涮肉一般是指羊肉，且只涮羊肉。但是在回族聚居的牛街，涮牛肉也是不容错过，冰冻机切的牛眼肉和手工制作的牛肉丸子相当受欢迎。

正宗的北京涮肉要用带烟囱的铜锅，用木炭供火。有些单人食会用更为精致美观的景泰蓝小锅，但用不了炭火，只能用小酒精炉，加热慢，涮起肉来难免有些温吞，少了那种即烫即熟的酣畅淋漓。

自清代皇室办千叟宴，铜锅涮肉这一吃法就成了民间的传说。直到清末，涮羊肉才流入民间。涮羊肉讲究很多，与火锅最大的不同就是涮羊肉一定是铜锅清汤，汤底只放葱、姜、枸杞。火锅就不一样了，尤其是川味火锅，底料要炒制数个小时，以不同汤底区分不同的火锅。这是涮肉和火锅的最大区别。

看上去都是开锅烫肉，蘸料入口。实际上，老北京涮肉用的肉，跟火锅用的肉也是有区别的。涮肉，如果没有特指，一定是羊肉。北京涮肉，可以说把羊肉吃到了极致。

涮肉看三样：肉质、刀工和蘸料。为了追求更高的羊肉品质，餐馆不会选北京本地产的羊，因为本地羊肉质糙，且膻味大。羊肉膻不膻，取决于草料中的硫含量，这也是草原羊肉质鲜味美的原因。涮羊肉和麻酱、韭花是绝配，这样的搭配会让羊肉变得更加鲜美适口。

老北京涮肉店的羊肉首选西口羊，其次是北口羊。所谓“西口”“北口”，是以北京看方位，西口是指位于北京大西边的甘肃、宁夏等地，北口是指北京以北的张家口、张北、库伦等地。西口羊小尾向内卷，也称“团尾”。西口羊最大的有五六十斤，骨架小，粉肉白膘，香嫩不膻。西口羊生在黄河河滩一带，所以又称为“滩羊”。北口羊仅次于西口羊。除这两种羊肉外，也有些涮肉店喜欢用内蒙古的绵羯羊，也就是从小被阉割的绵羊。这种羊的肉质绵嫩细腻，没有腥膻味，也特别适宜做涮肉。

景泰蓝铜火锅

过去物流不方便，羊贩子都是赶着羊群，风尘仆仆地一路奔向北京城外的马甸。马甸，最早是季节性贩马的集散地，这里地处北京的北郊，水草丰盛，特别适合放养马匹，就连上京进贡的贡马都圈养在这里，等着上驷院的官员来挑选。挑完剩下的，就地也都交易了。后来贩马行业转移到了德胜门外的关厢，马甸渐渐就成了活羊交易的集散地。羊贩子把羊赶到这里，不需要叫卖，自然就会有人来挑选。挑好的羊不会就地宰杀，因为羊一路劳顿，这时候的肉质不够鲜美。所以买回来的羊会精心喂养一段时间，等上膘了肥壮了才能得到最完美的肉质。

即使是香嫩不膻的羊，也不是所有部位都适合做涮羊肉的。一般来说，只有9个部位适合涮肉：

“黄瓜条”，这可不是地里长的黄瓜切成了条，而是来自羊后腿的很小的一块区域，几乎都是瘦肉。很多涮肉爱好者认为这是最好的部位，一点不柴，滑嫩爽口。

羊腱子，羊大腿上的肌肉，被肉膜包裹，肉内有筋，硬度适中，纹路规则。能用来涮锅的羊腱子，一只羊身上不超过三两，涮好的羊腱子脆嫩弹牙。

羊上脑，羊颈后方的肉，因为接近羊头，所以也被称为“上脑”，有经验的食客一眼就能分辨，因为上脑肉的脂肪就像大理石花纹一样镶嵌在瘦肉中。上脑的肥油部分涮好之后一点不腻，还有点脆，口感很特别。

羊里脊，脊椎两侧紧靠脊骨的小长条肉，纤维细长，肉质较瘦，不易久涮，变色就吃，口感鲜嫩。

羊筋肉，就是羊蹄的韧带，是羊肉里仅有的两块脆口的肉，五成肥，口感脆香。

羊磨裆，非常形象的名字，是羊的臀尖肉，质地松软，因为靠近羊尾，所以最鲜也最膻，二成肥，口感肥嫩。

羊三叉，后腿上部，整块肉呈“Y”字形，所以称为三叉。有的涮肉店把羊前腿部分称为“小三叉”，羊后腿部分称为“大三叉”，五成肥，肉质比小三叉肥美一些。

一头沉，大腿外侧的一块肉，比大三叉瘦肉更多，肉质更嫩。

老北京人涮羊肉讲究“一清二白”，“清”指的是清汤，“白”说的是白瓷盘。不管羊肉取自以上哪个位置，现切的羊肉要一片片整齐地码在盘子上，必须“立盘不倒”，这是因为羊肉只有足够新鲜，才能黏液充足沾在盘子上，这叫“立盘”；肉片下锅，锅里不能有血沫子，这叫“烫盘”；一盘羊肉下锅，盘子依旧白亮如初，说明是地道的新鲜羊肉，叫“干盘”。

能做到这“三盘”，压肉很关键。从马甸挑回来的羊，圈养肥壮之后再宰杀，按部位“压肉”。压肉，就是字面上的意思。先在冰块上盖一层席箔，羊肉码齐摆好，盖上一层油布，油布上再压一层冰，同样码平压实。经过一天一夜，羊肉里的血汤和腥膻杂味都被压出，肉也变得硬挺好切。顶尖的切肉师傅切好的肉，必定是四寸长一寸宽，也就是长约13厘米，宽约3.3厘米，厚0.9毫米，一片肉刚好一口吃下。

讲究一点的涮肉店只用四种肉：大三叉肥瘦俱全，抹在盘里一半云一半霞；小三叉和羊磨裆细腻红润，“黄瓜条”每一卷由深到浅自然过渡。敢这么任性的肯定都是有来头的老店，比如裕德孚老北京涮羊肉。

裕德孚不是百年老店，但是因为从选肉到刀工都十分正宗，所以口口相传，门庭若市。老板的刀工是祖传的，他的爷爷于德龙是当年和刘保全齐名的“京城两把刀”。敢以涮肉为招牌的餐馆，刀工都差不了，但是要想每一刀下来都能切出0.8—0.9毫米均匀的羊肉片，用于老板的话说，“这功夫，1000斤羊做底子。”

刀工了得的东来顺

涮肉店的刀工有多重要，看东来顺的要求就知道。

东来顺饭庄以清真涮肉为世人熟知，最早是一个手推车的面摊。1903年，河北省沧县人丁德山在北京王府井大街东安市场摆了一个面摊，一条板凳、一辆手推车和一张木案，几块银元的本钱，然而就是这些简单用具和本钱，也都是丁德山向亲友借来的。刚开始的时候，面摊就卖些熟杂面和荞麦面扒糕，品类不多，但是清洁卫生，客人们都很喜欢。

丁德山兄弟三人吃苦耐劳，为了生意好一些，除了在东安市场设摊，还会在北京城各处赶庙会。厂甸庙会是老北京最热闹的庙会，每年从正月初一开到正月十五元宵节，又叫“开厂甸”。每到春节，丁德山兄弟三人就会到厂甸摆摊。为了能占住摆摊的地盘，他们三人露宿在北风凛冽的厂甸街头。就这么苦心经营三年后，丁德山正式挂出了“东来顺粥摊”的招牌。

1912年2月29日晚，袁世凯“北京兵变”，东华门、东安市场一带被兵变的士兵放火抢劫，东来顺面摊也被焚烧。备受打击的丁德山并没有消沉太久，1914年，在被焚毁的废墟之上，“东来顺羊肉馆”正式营业。除了之前的饼、面、粥，又新增了爆、烤、涮羊肉。羊肉馆生意蒸蒸日上，越来越兴隆。

涮肉想要好吃，羊肉和蘸料固然重要，但是还有很关键的一点，就是刀工。那时候还没有机器切肉，全靠人工手切，切肉师傅的刀工，对涮肉口感影响极大。丁德山发现东安市场的老板们都很爱吃涮羊肉，当时最火爆的涮肉店就是正阳楼饭庄。他先是和正阳楼的切肉师傅交上了朋友，后来又不惜重金聘请其来东来顺专司切肉，同时带徒弟传授技艺。这位大厨对羊的产地、用肉的部位、切肉的手法格外讲究，切出的羊肉片“薄如纸、匀若浆、齐似线、美如花”，铺在青花瓷盘里，透过肉能隐约看到盘上的花纹。东来顺羊肉馆的涮羊肉由此名声大振，就连一些达官贵人、文人墨客也经常前来品尝，东来顺的涮羊肉也与当时闻名京城的“正阳楼”齐名。

周恩来总理曾在东来顺设宴接待美国前总统尼克松。尼克松总统看到切得这么薄的肉片，也是一番称赞。总统吃得开心，想要和后厨的切肉师傅握手，这才发现切肉师傅的左手四指患有严重的关节炎，已经伸不开了。

1975年9月，美国前总统福特的特使基辛格再次访华，邓小平同志决定在东来顺招待他。宴请当天，基辛格夫人称赞涮羊肉味美适口，工艺精细。她说：“放在盘子里的肉片‘像葵花一样美丽’”。

同年，美国总统福特应邀访问中国，邓小平同志在人民大会堂设宴招待仍选择东来顺的涮羊肉。涮肉选的都是新鲜的羊上脑，每盘四十片，厚薄均匀，三条脂肪线，笔管条直，令人惊艳。

2008年，“东来顺牛羊肉烹饪技艺·涮羊肉技艺”被列入国家级非物质文化遗产名录。陈立新，是东来顺切肉手艺唯一的第四代传承人。这时的陈立新，早已像他的师傅——京城名厨何凤清那样，由于多年日复一日地切肉，两条胳膊变得粗细不一；又因为经常在温差大的环境中，两条腿因风湿变形，不能久站；常年按肉的左手，也有严重的关节炎。即便如此，只要一拿起“蚂蚱头”的长刀，陈立新就会像条件反射一样，可以不间断地切4个钟头，中间不喝一口水。

据说，不止东来顺的切肉师傅，北京城里以涮肉为主打的老店，将手工切盘羊肉、能切成四寸长一寸宽、一口一条的切肉师傅找出来，大多数师傅的十指都是变形的。

因为好的切肉师傅实在是太难得，而切肉的品质又直接影响了涮肉的

※ 冒着热气的铜锅涮，老北京火锅，涮羊肉

口感，20世纪70年代，东来顺的涮肉是限量供应的。早上开门发号，一天只供应那么多。一个好的切肉师傅，一天下来最多也就切几十斤肉。市场需求越来越大，东来顺也难以延续传统的人工切肉，而那个时期，东来顺作为民间特色美食，还承担了很多重要的外事工作和政治任务，东来顺的大厨和东来顺美味的涮羊肉经常出现在中南海和钓鱼台。毛主席宴请印度尼西亚总统苏加诺，除了厨师是东来顺的，服务人员也是直接东来顺的服务员。

在这样的时代背景下，东来顺涮肉要尽可能地保持口感，还要保证产量，已不再是东来顺自己的事情了。自1975年起，东来顺大部分的切肉的工作逐渐被机器取代。机器模仿人工切肉，极大地提高了效率，也保证了品质的稳定性。食客们不需要再领号排队。当年，十几位切肉师傅在东来顺的玻璃橱窗前一字排开，在食客和来往行人面前表演切肉比拼手艺的盛景再也见不到。

百年东来顺，见证了北京城的百年沧桑，又幸运地参与了新中国的外交活动；在新时代到来时，选择改革之路，以机器的高效标准化生产代替传统手工工艺。东来顺，仿佛是那个时代存活下来的无数老字号的缩影。

来一顿完整的老北京涮肉

虽然机器切肉取代了大部分人力，但是除了“选肉精、刀工细”之外，东来顺还有另外两个特点，“调料绝、食具讲究”。

东来顺食具讲究这一点，也算是沿袭了清宫传统。早在乾隆年间，皇宫里就开始使用景泰蓝铜锅作为火锅锅具，不同的富贵花纹与景泰蓝底色交相辉映，处处透着雅致。东来顺的铜火锅不敢用宫廷制式，但是用的碗和盘子都是从景德镇专门定制的青花细瓷，十余种调料分别放在十多个青花细瓷小碗中，单是看着，已经是一番享受，极大地满足了食客们的“身份感”。

涮肉的汤底虽然是清汤，但是有的店里也会加葱花、姜片，讲究一点的老店还会加上海米、冬菇、口蘑汤，让汤底的味道更加鲜美。资深食客会先涮羊尾，为的是肥汤，汤里有油，涮出来的肉会更鲜美。旧时的涮肉馆还有一种下酒菜叫“卤鸡冻”，喝酒的食客进门如果点了这道菜，堂倌就知道是来了内行。这道菜，冻多肉少，冻是为了入锅提味，鸡肉是用来下酒。加了鸡汤冻的锅底涮出来的羊肉，别有一番风味。

东来顺

老北京涮肉还有文吃与武吃的分别。文吃，是指一片一片地涮着吃，食客夹一片入汤，抖一抖，肉片变色，捞上来沥汤蘸料，吃得从容自得。武吃，是指由一人主持，整盘肉下锅，筷子一搅，招呼大家一起动筷，吃得比较豪迈。那些以吃为信仰的老饕们，会念叨着“一涮二熘三炖”，然后不紧不慢地，一次夹一条，真正享受“涮”的乐趣。毕竟涮肉是从宫廷皇家传出来的精致美食，如果一盘接一盘往锅里倒，那就不叫“涮”叫“乱炖”了。

调料也是各家差异化竞争的商业秘密，到今天依然如此。就算同样使用酱油、虾油、黄酒，原料不同，产地不同，食客们依然能吃出其中的差别。芝麻酱是涮羊肉的标配，必不可少。芝麻酱加韭花，就像国外的盐和黑胡椒，必定是成对儿出现的。常见的调料还有酱豆腐、辣椒油、米醋、香菜、葱姜等。7种调料盛碗上桌，先放料酒、虾油、酱油、韭菜花，搅拌均匀后，再放酱豆腐、芝麻酱。如果喜欢吃辣，可以再加辣椒油。老北京的涮肉店，都是店家调好了端上来给客人，因为调料的好坏也体现着店家的手艺。搅拌需要顺时针方向，一来可以保证调料不散不泻，二来图个彩头，表示一顺百顺。

有葱姜的地方一般都不会少了蒜。涮羊肉配的可不是普通的蒜，那都是特别腌制的糖蒜。在20世纪70年代，东来顺的糖蒜还曾作为伴手礼，随行出访国外。糖蒜都是精选的大六瓣蒜，也叫大青苗，每头要求重一两二三，七八头为一斤，而且需在夏至前三天从地里起出，带泥进货，用以保鲜；经过杀盐口、卤制、漂洗、晾蒜、滚坛、放气等十道工序后腌制百天才可开坛。腌好的糖蒜呈琥珀色半透明状，口感酸甜脆爽。糖蒜中的酸味是糖、盐、蒜相互发酵的结果，并不是醋的味道。糖蒜，醋口儿，这是老北京涮肉的标配，每家涮肉店都有，只是味道上略有差别。吃完涮肉，聊着天，嗑两瓣糖蒜解腻，这时候再涮菜和豆腐清口，最后在汤里下点杂面，拌上调料，再来个芝麻烧饼。这才算是一顿完整的涮肉。

当年比东来顺名头还响亮的正阳楼，曾是北京城里公认的高档饭馆。正阳楼两位切羊肉片的师傅被东来顺挖走后，又逢战乱，北京物资匮乏，最终于1942年停业。直到20世纪80年代，北京恢复老字号，正阳楼也于1984年重新开张，只是不再经营涮羊肉，改成了中式快餐。

老北京的餐饮老字号，多以堂、庄、居、楼、斋、坊、轩、春等命名，这些称谓都有约定俗成的规矩，分类的依据就是规模的大小。敢称“堂”的，那都是相当于现在的五星级大酒店，既可以办宴会，也可以唱堂会，有自己的舞台和空场，大多是前厅后院，楼上楼下，雅座高间儿，古时王公大臣都是设宴在这里。比“堂”略小的称为“庄”或者“楼”，再小一点称为“居”，虽然也能办宴席，但是都不办堂会，俗称“热庄子”。有热庄子就有冷庄子，冷庄子就是只办堂会宴会、红白喜事的，台上唱戏，台下吃饭，不接散客。“斋”，都是原来的点心铺升格晋级办成的饭庄，论档次和规模是没法跟堂、庄、楼、居相比的，但是一定都有自己的招牌菜。这些地方都不是一般人能消费得起的，统称都是饭庄。

饭庄里的服务员有专门的称谓，不过那时候还不叫“大堂经理”“值班经理”，那时候叫“茶房”。饭庄的茶房穿着讲究，不仅通晓人情世故，更是需要熟记每位权贵的长相。贵客进门，有哪些特殊规矩，精明的茶房们都烂熟于心，照应周全、和气体面。茶房的规矩，只用男人，不用女人。

饭庄上菜也有规矩，绝不会炒熟一个上一个，而是先凉后热，一上就是齐全的。这里面就有另一种讲究，因为贵客宴请，自然是有要事商谈，怎么能被上菜一次次打扰，所以茶房们都是手托硬木雕花的大抢盘一次把菜上齐，然后关门在外候着，随叫随到，不叫的时候，绝不会进去打扰。

老北京人也许是沿袭了清室的习俗，对“八”情有独钟，国泰民安风调雨顺的年月，餐饮鼎盛时期，餐饮老字号有“八大堂”“八大居”“八大楼”“八大坊”“八大春”等榜单。除了饭庄榜单要用“八”，很多地方也用“八”，比如老饭庄都有八冷荤、八热菜。八热菜又叫“八大碗”，一般指的是清汤细做的攒丝雀、肥炖清蒸糯米鸡鸭羹、去甲摘盔一寸有余的烹虾仁、苏东坡的酱油炖肉、陈眉公的栗子焖鸡、八宝烤猪、挂炉烧羊、剥皮去刺剔骨的酱糟鱼。再讲究的，正中间还要摆上对称的两大海碗，分别是参炖雏鸭和黑白鳝鱼。传统的相声段子《报菜名》就介绍了名目繁多且各有讲究的不同菜式，记录了丰富的饮食文化。

老北京人种种讲究，在“吃”上可谓体现得淋漓尽致。从饭庄的名字，到节令吃食；从原料的来源地、食用部位的选取、用什么刀法处理、用什么餐具摆放，到饭桌上应该怎么坐、入座后应该怎么吃……老北京人不厌其烦地传承着各种繁琐的讲究，这些讲究背后，是几百年来皇城脚下时刻铭记的规矩，也是几百年来民间的约定俗成。借由这些规矩，老北京人恪守“长幼有序、尊卑有别”；借由各种讲究，维护着内心的信仰和秩序。这些规矩和讲究就是老北京人骨子里的基因，是他们追求的一种身份认同。

老北京涮肉，正是这诸多讲究中的一个经典缩影。

PART 02
市井烟火里的川渝火锅

川渝火锅，是四川火锅和重庆火锅的统称。四川火锅更注重“香”，重庆火锅更注重“麻辣”。在这两个地方，人们能找到一万个理由吃火锅：失恋、脱单、下雨、出太阳、团聚、送别……对于川渝人民来说，几乎能想到的人生场景，都能用一顿火锅来表达内心的感受。

虽然川、渝的火锅有区别，但是不妨碍川渝火锅共同出征，占领各大城市的火锅市场。以前是有华人的地方就有川菜，如今是有川菜的地方，就有川渝火锅。

川菜之魂、火锅必备：郫县豆瓣

川菜以“麻辣”闻名于世，然而辣椒绝非川菜的灵魂，郫县豆瓣才是。

食在中国，味在四川。川菜，被誉为“中华料理集大成者”，是全国影响力最大的菜系之一。

四川人自古就“尚滋味，好辛香”，川菜也被总结为“三香三椒三料，七滋八味九杂”。三香，说的是葱、姜、蒜；三椒，指的是辣椒、胡椒、花椒；三料，则是醋、郫县豆瓣、醪糟。用这三香三椒三料，配合近40大类3000余种烹制方法，就有了让人欲罢不能的川菜。

那些为海内外所熟知的经典川菜，如回锅肉、豆瓣鱼、麻婆豆腐、鱼香肉丝等，如果没有了郫县豆瓣，也就失去了地道的川味。川味火锅，同样离不开郫县豆瓣。一顿火锅吃到最后，能否做到不苦不咸，香气不减，非常考验底料的炒制，豆瓣酱的成色就直接关系着火锅底料的好坏。

能以地名冠名的特产，一定都是在当地天时、地利、人和的综合作用下呈现出最独到的味道，郫县豆瓣也是如此。

郫县豆瓣酱的主原料是蚕豆和辣椒。蚕豆，要选用郫县二流板的青皮大白胡豆；辣椒，一定是二荆条，最好是双流县牧马山每年7月至立秋后

郫县豆瓣

15天这段时间内采摘的二荆条。盐也有讲究，海盐不行，要用四川自贡的井盐。

酱缸也绝不凑合。经过代代测试，酿制豆瓣酱最上乘的是仁寿陶缸，而且缸使用的时间越久越好。战争年代，为了保存这些酱缸，酱园甚至会把缸都埋到地下，一些老酱园的酱缸已经有上百年的历史了。

一缸郫县豆瓣，每天要翻晒12次；三年特级，至少翻晒了13140次；五年特级，至少翻晒了21900次。看似普通的食材，经过复杂的工艺和时间的洗礼，最终变幻出神奇的味道。只要对食物足够虔诚，大自然就会给予最好的馈赠。

有华人的地方就有川菜，有川菜的地方就有郫县豆瓣。地道的川菜、地道的川渝火锅，就在那一口郫县豆瓣里。

川和渝，不同的人选择了不同的味道

川和渝，在火锅口味上的差别，不仅体现在锅底，还体现在食材上。这种差别，有地理环境的影响，也有移民迁徙、人口结构等历史原因。最终，川渝两地人民选择了看似相近，实际又明显有差别的两种口味。

成都是南方、北方丝绸之路和长江经济带的交汇点。丝绸之路重要的贸易媒介是华美的丝绸。成都，不仅是蜀地丝绸业的核心，而且盛产丝织品中最为精致、绚丽的珍品——“锦”。都江堰使成都平原变得沃野千里，成为中国西南的大粮仓。成都平原由此得以商贸繁荣、文化兴盛，富甲一方，坐享“天府之国”的美名。

巴蜀之地占尽天险优势，远离中原，同时也远离了战乱。成都平原又因为都江堰，岷江水患变水利，不仅粮食能自给自足，还能支援外地。有山有水有林有田，世世代代丰衣足食，成都人养成了乐天知命、知足常乐的性格。有句古话“少不入川、老不出蜀”，就是因为成都这座城实在太安逸。

以成都为代表的“蓉派”上河帮川菜，在所有川菜里是口感最清淡的。上河帮川菜味道温和，精致细腻，绵香悠长，小麻小辣的口感，似乎只是为川菜增加一点小情调。成都的火锅也沿袭了上河帮的特点，喜欢用清油作锅底，为了祛火，还会在锅底加中药。相比之下，不管是以重庆江湖菜为代表的下河帮川菜，还是重庆本地的火锅，都辣得荡气回肠。

蜀锦

有一种说法，重庆人之所以嗜辣，与重庆的地理位置和气候有关。重庆位于中国西南地区，四周都是山，平均每年有104天是大雾天，是名副其实的雾都，重庆璧山区全年雾日更是多达204天。气候潮湿，多阴雨，长期生活在这里的人，体内容易积聚湿气，影响身体健康。吃辣，可以排出体内过重的湿气，驱寒祛湿。

重庆的夏季非常闷热。夏天吃辣，会让人发汗，不需要剧烈运动，只需要一顿麻辣火锅，就能让人大汗淋漓，汗水蒸发又会带走身体的热量。这份酣畅，在闷热的夏天，没有人可以抗拒。

重庆火锅的前世今生

成都悠闲安逸，被称为休闲之都，是一座来了就不想离开的城市；而重庆又多了一份江湖气。重庆人讲义气、勇敢、坚韧，性格火暴。城市的基因，最终决定了一个城市的味道。

如果有哪座城市，连空气里都飘散着火锅的香味，那一定是重庆。走在重庆的街道，遇到火锅店的概率比遇到出租车大得多。

重庆火锅里标志性的九宫格火锅，最早是为了方便食客们辨别自己的那一份。重庆船运发达，码头众多，船工和码头工人很多。工人们干的都是力气活，一天劳作之后，需要补充大量的能量。火锅，就提供了最大便利。

当时，重庆有很多屠户将猪、牛宰杀后，将下水丢弃了，因为这些东西在当时没人吃。船工们看到这些东西觉得怪可惜的，就将它们捡拾回来清洗干净，混合着一些调料煮成一锅。因为有辣椒的调味，加上食材非常新鲜，味道异常的好。而这就成为重庆火锅最初的雏形。有钱人不屑于吃的内脏，成了劳力工人们打牙祭的上佳之选。

再后来，内脏也不白扔了，挑担子沿江叫卖的小贩们，将低价买进的水牛毛肚洗净煮一煮，其他内脏处理好切小块，担子一头是泥炉，打开炉门，摆上大锅，再放一个“井”字格。河岸上的工人们围过来，每人认定一格，一边烫一边吃。吃多少食材收多少钱，价格公道，物美价廉。为了招揽食客，小贩们把烫肉的锅底卤汁做得麻辣鲜香，用大骨头加了辣椒、花椒、姜、蒜熬制的锅底，烫熟各式内脏，既饱腹，又驱寒祛湿，这就是重庆最早也是最有名气的麻辣毛肚火锅，不过那时候还不叫火锅，叫“水八块”。

这种吃法渐渐流传开来，食客也从江边码头，扩散到了市井。于是重庆城内有一家小饭店，尝试着把铁锅从担头移到桌上，保留了泥炉现煮的模式，也增加了蘸料，分格大铁锅也一度换成赤铜小锅，不用与他人一起凑桌食用，更加干净卫生。

20世纪20年代初，重庆下半城南纪门的宰房街，就是现在长江大桥桥坎下，经常会有牛贩子来过夜。牛贩子多从川黔大路赶运菜牛来重庆，在南岸过夜，第二天一早过江，把牛赶到宰房街宰杀。当时有马姓兄弟俩，廉价收购不好卖的牛毛肚和血旺，在下宰房街开了一家以毛肚为主要菜品的红汤毛肚火锅馆。这家火锅馆仿照市井“水八块”的制作方法和吃法，将毛肚漂白、洗净去梗，外加一碟芝麻酱和蒜泥的蘸料。

“水八块”从码头进入门店，食客群体也不断扩大，更多的店家看到商机，开始钻研如何将其做得更加美味。在保留传统的牛内脏等食材的基础上，也开始了更加精细的深加工，比如牛内脏必须是水牛的肚、肝、腰；

※ 川渝火锅，一场“红汤风暴”

牛肉只用黄牛的背柳肉、红包肉（牛腿上的净瘦肉）；素菜只用豌豆苗、白菜心、黄葱、蒜苗；甜料不用冰糖而用醪糟汁等。

这种以毛肚为主料的火锅，就是重庆毛肚火锅的起源。20世纪40年代初，重庆较场口有一家马姓老妪开了一家专供毛肚的正宗毛肚火锅，毛肚按匹收费，每匹二分钱。毛肚鲜嫩脆香，远近食客都专程而来，毛肚火锅的名声从此更加响亮。

当时，中国人民正处在抗日战争的水深火热中，战局紧张。重庆成为国民政府的陪都，天南海北的名流政要汇聚在这里，无形之中带动了一场美食交流。很多人都是第一次品尝到重庆火锅，被这种麻辣口感深深折服。朱自清曾这样赞美火锅豆腐："白煮豆腐，热腾腾的。水滚着，像好些鱼眼睛，一小块一小块豆腐仰在里面，嫩而滑，仿佛反穿的白狐大衣。"相比之下，作家丁玲的赞美要更加直白："街头小巷子，开个幺店子。一张方桌子，中间挖洞子。洞里生炉子，炉上摆锅子。锅里熬汤子，食客动筷子，或烫肉片子，或烫菜叶子。吃上一肚子，香你一辈子。"文人墨客的宣传、名流要员的推广，让重庆火锅的影响力大增。1946年开业的汉宫咖啡厅，后来干脆改了火锅店，因为生意太好，店里的服务员竟都成了令人艳羡的职业。当时的报纸报道称："汉宫毛肚馆之女招待，应酬雇主态度可人，闻每人月薪为六十万元，另可分小账，估计每月收入总有百余万元，公教人员望尘莫及。"

2007年3月20日，在第三届中国(重庆)火锅美食文化节开幕式上，中国烹饪协会正式授予重庆市"中国火锅之都"称号。到2017年，重庆火锅店已经有26300家，每5家餐馆中就有一家火锅店，火锅从业人员达50万人。重庆火锅不仅在中国大中城市、边陲小镇扎根，而且还远渡重洋，在日本和南洋落户。

川渝火锅的锅底，是一场“红汤风暴”

在火锅之外的语境里，锅底，就是字面意思，锅的底部。但是在火锅的语境之下，锅底，特指火锅的那一锅汤。

火锅的食材并不足以区分火锅的归属地，但是火锅的锅底一定可以。酸菜打底，一定是东北的酸菜火锅；番茄酸汤打底，一定是贵州的酸汤火锅；如果是清水加葱和姜，一定是老北京涮羊肉。如果是一锅红彤彤的汤，上面还漂着辣椒，不用问，一定是川渝火锅。同样是一锅漂着辣椒的红汤，四川火锅的锅底和重庆火锅的锅底，也有所不同。

四川火锅的灵魂是郫县豆瓣，而重庆火锅的灵魂是牛油。

正宗的重庆老火锅是纯牛油的。牛油，是牛体内的脂肪经过加热、熔炼、脱臭之后提炼出的油脂，冷却后是乳白色固体。一般来说，牛油用的是牛肚子上一层纯度很高又很厚的脂肪层。牛油锅底，是重庆火锅的标志，也是重庆火锅风味独特的秘诀。

牛油锅底，并不是把白色的牛油直接扔进汤里煮，而是要先炒制。炒制锅底需要加各种配料，配料的比例，甚至投放顺序的不同，都会带来口味的差异。重庆本地人，吃着火锅长大，个个都是火锅老饕，锅底任何一点细微差别都逃不过他们挑剔的味蕾，所以敢在重庆开火锅店，炒制锅底是第一关。

炒锅底是一个非常讲究又非常机械的工作，最讲究的就在于各种配料的比例和投放顺序。机械就是，需要不停翻炒，重复动作至少四小时。别人眼里单调往复的翻炒，但在翻炒大厨的眼里却是一个不断观察、调整的过程。随着不断翻炒，辣椒的颜色在不断变化，牛油的香味也逐渐有了层次，什么时间需要下香料、辅料，完全是靠大厨观察炒锅内各种食材的颜

✕ 火锅底料

色变化，以及靠嗅觉捕捉稍纵即逝的味道变化，然后不断调整和添加。一锅色香味俱全、火候又恰到好处的锅底，就是这样炒制出来的。

因为火锅的味道都在那一锅底料里，所以炒料师傅一般都是火锅店的后台主管，相当于餐厅主厨。牛油、郫县豆瓣、干辣椒、白酒、醪糟、姜、小葱、大葱、蒜、鲜花椒、干花椒、豆豉、冰糖，以及各种香料如何配比，那都是商业机密。就算同样都是干辣椒，用不同品种，最后呈现的口感都会有差别，比如，石柱红和二荆条的口感就不同。

单就辣椒来说，重庆火锅炒底料就会用到好几种：石柱红、内黄、满天星、子弹头、小米辣、二荆条，每一种辣椒都有自己独特的味道。石柱红是重庆石柱土家族自治县的特产，石柱红1号是目前中国最辣的辣椒品种，而火锅底料通常用石柱红3号。为了追求口感的微妙差异，重庆火锅对底料尤其是辣椒的尝试，极为精细。

但就算选了同样的辣椒品种，如果辣椒和牛油等其他原材料的配方比例不对，或者火候控制不对，最后出来的锅底味道仍然会大相径庭。如油温太低激发不出辣椒的香气，油温太高又会让辣椒糊掉变出一种苦味。中国菜最讲究的就是“火候”，火锅底料也不例外。

重庆牛油火锅不仅是配料，就连油的比例也成了新的商业机密。重庆牛油火锅的油从原来的纯牛油，发展到现在的混合油，有的店为了提鲜会加少量的鸡油。油的比例也会影响口感。

质量好的牛油，会提高火锅香醇的口感，而且不会油腻。牛油可以增香提味，按照中医的说法，能补五脏，益气血。牛油可以吸附在食物上，所以牛油锅底涮出来的菜品，总是带着油脂香味，重庆人迷恋这一口特殊的油脂香，就像老北京人爱喝豆汁，喝的就是那一口发酵的口感。

真正的重庆老饕们，不仅要吃纯正的牛油锅，而且一定得是牛油锅里的老油锅底，也叫老火锅。牛油因为油质较重，能够很好地锁住食材的味道。经过大量食物的烫煮，火锅食材中的鲜香，尤其是各种肉类的味道，都融入了牛油中并保存下来。所以重庆火锅的香味，更多的是来自各种食材在老油里的味道沉淀，而不单单是凭借花椒、辣椒或者别的什么香料。

老油，就像卤肉店里的老汤，在每天反复使用的过程中，融合了各种食材的香味，形成了自己独特的味道，这也是老牌卤肉店风味独特的秘诀。老油锅底，也是同样的道理，而且老油锅底相比其他锅底，成本还要更高。正宗的重庆老火锅都是不加香料的，在重庆人看来，只有花椒、辣椒才算香料，葱、姜、蒜这些不能算做香料。而老油，本身就是难以复制的上佳香料。资深老店的老油，甚至会根据季节和气候有所变化，也会因为继承人有所改良。同样是一锅漂着辣椒的红汤，实际上百家百味，于细微之处见真章。但是不管口味如何差别，主打口感一定还是麻和辣。

ㄨ 辣椒是川渝火锅汤底重要的食材

老油火锅的油水比例很高，一般油的占比能到六成，有些甚至会高达七成。在吃火锅的过程中，水分又不断蒸发，所以熬到后期，油占比能高达八成，这时候涮出来的食材，带着牛油醇香迷人的味道，这才是真正吃到了重庆老火锅的精髓。所以重庆人吃火锅，是不喜欢服务员老来加汤的，因为加了汤，就破坏了牛油锅底的比例，涮出来的食物，味道会完全不同。

相比之下，以成都为代表的四川火锅锅底就要柔和清爽得多。不过这种柔和清爽，也只是相对重庆火锅而言的，如果跟江浙的菊花火锅，或者潮汕的牛肉火锅相比，哪怕是跟北京的涮羊肉相比，四川火锅的锅底仍然是相当“重口”。

成都火锅的名气虽然不如重庆火锅大，却创造了大批知名度较高的火锅品牌，对重庆火锅的推广、改善、规范，起到了非常重要的作用。这一点，就像开遍了全国的“兰州拉面”连锁店，背后推手其实不是甘肃兰州人，而是青海化隆人。在兰州以外的中国其他地方，90%的“兰州牛肉拉面”都是青海人开的。

重庆人的性格，就像重庆江湖菜，豪爽不温吞，重庆火锅与重庆人性格一脉相承，也比较粗放。然而，重庆火锅进入成都，就被改良了。首先被调整的就是锅底。

为了让口味更加清爽，成都的火锅把牛油换成了植物油，以菜籽油为主，还会添加色拉油，比例通常是2份菜籽油和1份色拉油，有时候会一半一半。这样的改良，不仅与口味有关，也与物产有关。重庆山多地少沿江，水码头上都是各地贩运的牲畜，到了码头就地宰杀，所以动物油价格比较便宜。而成都平原作为天府之国，粮食作物多，菜籽油产量丰富，这也影响了成都平原地区人们的饮食习惯，将牛油换成菜籽油。

动物油的油质较重，能够很好地锁住味道，所以重庆火锅会用老油。由于植物油油质较轻，如果反复使用，几次之后就没有香味了，所以使用植物油做锅底，就必须增加味道和香气。与锅底用的油相比，川、渝两地火锅中的麻和辣的口感差异反倒成了次要，毕竟重庆火锅也有不那么辣的，成都火锅也有非常辣的。

清油锅底也不完全是植物油，也会加入其他荤油，还会有卤油。所以好的清油锅底一般都会有一点卤香，麻和辣的口感里，麻更明显，甚至可能会略有回甘。

成都的店家在长期摸索中，逐渐形成了清油、牛油、卤油多种不同比例的搭配组合。这种混合油锅底，卤香明显更好吃，而牛油也在混合搭配中成就了不一样的口感。还有一些火锅店沿袭了乐山卤水锅底火锅店的做法，锅底主打卤香，偏甜口，也有一些店会做成甜辣口。

鸳鸯锅底

✕ 热闹的火锅店

相比于重庆火锅，成都火锅锅底的另一特色就是鸳鸯锅。正宗鸳鸯锅的造型，酷似太极，中间是一道舒缓的“S”形，红白锅底各占一边，非常好看。鸳鸯锅底部是不相通的，以达到“一锅两味”的目的，而重庆的九宫格火锅，只是在锅里放了一个“井”字架，底部相通，但是圆底的每一部分受热不均匀，所以就形成了“底同火不同，汤通油不通”，不同的格子对应不同食材，十分讲究。

鸳鸯锅底的白汤，一般是鲫鱼熬的三鲜汤，也有一些店家会用大棒骨熬制骨汤，但是从市场规模和受欢迎程度，明显还是鲫鱼三鲜汤更胜一筹。白汤虽然叫“白”汤，但是也不一定是白色，只要不辣，都可以叫白汤。所以鸳鸯锅的“白汤”就有了很多选项，比如番茄菌汤，好看又鲜美，可以满足素食人群；还有花胶鸡金汤，花胶可不是什么植物，而是鱼肚，就是各类鱼鳔的干制品，富有胶质，所以也叫花胶。将鱼鲜和鸡鸭猪肉一起炖煮，这是中餐特色，曾作为国宴菜品的“佛跳墙”，就是这一烹制手法的集大成精品。

除了鲫鱼三鲜汤、大骨滋补汤、花胶鸡金汤，在成都吃火锅，还可能会遇到野山菌土鸡汤、番茄牛尾汤、药膳乳鸽汤、风味猪肚鸡汤、酸萝卜老鸭汤、苦荬鹅掌汤等形形色色的“白汤”。这些白汤锅底汤鲜味浓，上桌先喝一小碗暖暖胃，然后开始涮烫各类食材。

像红汤一样，白汤的汤底，各家也都有自己的绝活，比如一个好的菌汤锅，小茶包里放了多少种菌类、比例多少，这些也都是不会透露的。而且真正的菌汤锅底，端上来一般都是颜色略深的，闻着就是熬出来的菌汤。

据说，如果一个四川人肯为了朋友点鸳鸯锅，那说明真的非常在意这个朋友了。因为四川人和重庆人大多只吃红锅，白汤锅都是为了照顾外地人的口味。不过，考古学家表示这种说法是不对的。原来在重庆云阳一座2000多年前的汉墓中就发现了陶质的鸳鸯锅，看来鸳鸯锅的吃法并非成都首创，重庆人其实也会吃鸳鸯锅。

毛肚、黄喉和鸭肠：川渝火锅“三剑客”

重庆九宫格火锅，最早是为了方便食客们拼桌，一人认领一格，大家都自觉地只吃自己那一格的食物。当火锅发展为呼朋引伴的聚餐首选，九宫格的意义也就发生了变化。

九宫格把火锅分为三个层次，不同的格子代表不同的温度和不同的牛油浓度。不同的食材切成不同的厚度、形状，薄片、滚刀切块、形条，在不同格子里涮烫，获得不同的口感。这就是重庆九宫格火锅的奥秘，也是重庆火锅独特的烹饪方式。

九宫格的中心被称为中心格，这一格温度最高，红汤上下翻滚，最适合“烫”。烫，也有口诀，“七上八下”，数8—15秒，口感刚刚好。最适合中心格的食材，必须是毛肚、鸭肠、腰片、牛肝、肥牛，鲜嫩爽口，还带着弹牙的脆爽。

九宫格十字线的两端，被称为十字格。这四个格子都是中火慢开，适合煮，像麻辣牛肉、黄喉、郡花、香菜丸子、耗儿鱼这些食材，需要煮2—10分钟。

九宫格的两条对角线，被称为四角格，形状很像45度等腰三角形。这四个格子属于边角小火，火弱油厚，最适合“焖”，专业的说法叫作“酣”。在川渝人看来，四角格就是要文火细磨。适合“酣”的食材，必须是脑花、鹌鹑蛋、肥肠、鱿鱼、凤爪等，需要15—20分钟，甚至更长。经过文火慢熬，醇厚的牛油锅底渗透进食材，味道酣甜。

重庆九宫格火锅

在九宫格的火锅局上，通过涮烫食物的顺序，就能一眼识别火锅老饕。当九宫格新人们面对一桌食材还在思索时，老饕们已经气定神闲地开始涮毛肚了。对毛肚有执念的老饕们，甚至都不愿意等8秒，5秒之内必定捞出，涮的时间越短，毛肚口感越脆，说明越新鲜。就像那些热爱牛排的食客们，把牛排分为全生、一分熟、三分熟、五分熟、七分熟一样。

不过，相对于人们对牛排熟度的争议，所有吃毛肚的人都坚信一个原则："七上八下"刚刚好。虽然有人就偏爱吃刚刚断生的口感，但是这也只是5秒和8—15秒的差别，大部分人在10秒以内就会捞出来。对待毛肚，任何超过15秒的操作都是在暴殄天物，因为烫久了，毛肚就会变老，咬不动，完全失去了脆爽的口感。

毛肚是重庆火锅最地道的原材料之一。毛肚就是牛胃，分为水牛毛肚和黄牛毛肚。作为反刍动物，不管是水牛还是黄牛，都有四个胃，每个胃

毛肚，重庆九宫格火锅最地道的食材之一

都已经被开发出了不同的吃法。在长期的实践摸索中，第一个胃，即毛肚，成为重庆火锅的标配，更确切地说，是重庆火锅的灵魂。

百年前，嘉陵江畔码头上的渔船纤夫们，偶然发现外地牛羊贩子丢在江边的牛下水，洗净之后就着辣椒、花椒简单水煮，饱腹又美味。从那时起，毛肚、牛肝、腰子等牛下水就成了嘉陵江畔口口相传的美味，而毛肚，又在这诸多美味中独领风骚，以至于后来“毛肚火锅”成为重庆火锅的代名词。

像这种只需要烫10秒左右的食材，是不需要离开筷子的。夹一片，没入九宫格的中心格那翻滚的红汤里，最多2秒，马上提起，然后再没入两秒，再提起，都不需要“七上八下”，等不及的老饕们就把刚打卷儿的毛肚放入油碟。被红汤改造，又被油碟点化，这时的毛肚已经完全脱胎换骨。一片入口，百般滋味，千言万语只剩两个字：巴适。

配得上中心格的食材，除了毛肚，还有鸭肠。中国人吃动物内脏的历史由来已久，鲁菜的代表名菜之一“九转大肠”，就是猪大肠。鸭肠、鹅肠、鱼肠，都适合在中心格里涮烫，但是一般比较常见的，还是鸭肠和鹅肠。

九宫格的十字格，最适合黄喉和郡花。黄喉，是一种名字很有欺骗性的食材。虽然名字里带“喉”，长得也像切开的喉管，但它其实是猪、牛等大型牲畜体内最大的一根血管，用作火锅食材时叫“黄喉”，在烧烤店里叫“心管”。从口感上来说，涮烫的黄喉更加美味。如果在烧烤店里点心管，那得是对自己牙口相当有自信的人。黄喉是由胶原蛋白、肌球蛋白等各种形状的蛋白质组成的，几乎没有脂肪。

郡花，就是鸡鸭的胃，在北方叫鸡胗、鸭胗，在四川重庆则叫郡花。郡花、腰花都是因为食材在烹饪之前被切成了花纹状，熟了以后也会漂亮

黄喉，重庆火锅经典食材之一

得像一朵花。切花刀，是中餐常见的一种刀法，不只是为了最终呈现的视觉效果，也是为了获得更好的口感。切成花刀，食材就会更加入味，也会更容易咀嚼。对于老年人、孩子，还有牙口不好的人，用花刀处理过的食材，可以说是非常友好的。

耗儿鱼，是一种鱼，不过很奇怪的是，重庆是靠着江的内陆城市，而重庆火锅中标配的耗儿鱼却是纯正的海鱼，年产量仅次于带鱼，营养价值非常高，蛋白质含量跟大黄鱼、银鲳鱼相等，鱼肝还可以做成鱼肝油。但是，就是这样一种捕获量高、营养丰富的鱼，都是去头去皮再上桌的。因为耗儿鱼的鱼头中可食用的部分非常少，而且皮很厚，不好处理，也不易进味。

四角格里的脑花，跟郡花、腰花不一样。脑花被称作“花”，是因为它自己浑然天成的花纹。即使在重庆，脑花也不是人人都“敢吃”，但是一旦鼓起勇气尝试，通常就会开始“食髓知味”。这可是真正的食髓知味，因为脑为“髓之海”，脊髓上通于脑，聚而为脑髓。中国人讲究“药补不如食补”，认为吃什么补什么。吃腰花，补肾，肾不亏，就可以产生髓液。而脑花，在中医看来，性平、味甘，补中益气、安神宁志。虽然是否真的有食补功效，一顿两顿很难看出来，但是脑花中胆固醇含量非常高，这是已经确认的。

四角格里的脑花就安静地等候在那里，脑花经得起久煮，15分钟还是20分钟，就看食客的心情。食客可以选择不吃，但是只要吃过第一口，就会停不下来。火锅底料的味道渗入了脑花，捞出来，外观晶莹饱满，那种丰腴滑嫩、绵软鲜辣、肥而不腻的口感，还有吃完之后口腔内充盈的油脂的芬芳和麻辣鲜香的后味儿，所谓“一见钟情”，一定就是这种感觉了。

猪脑花还有一个特别的地方，就是蘸料最好用干碟。海椒面混合着花

✕ 猪脑花

生碎、白芝麻碎，升级版的干碟还会添加孜然和黑胡椒粉，这就是一份完美的干碟。娇嫩的脑花，配上香、鲜、辣、麻、咸的干碟，真的是美味当前，不负此生。

之所以说干碟蘸料很特别，那是因为川渝火锅的标配蘸料是油碟。油碟标配是香油、蒜泥、香菜和葱；升级版油碟还要加上蚝油。川渝火锅的老饕们，还要在升级油碟的基础上，再搭配小米椒和花生碎，于是就有了终极版油碟。吃惯了老北京涮羊肉的北方人，第一次吃川渝火锅会非常惊奇，为什么没有麻酱？服务员们一般会非常认真地答复：“不好意思，麻将没有，扑克行吗？”

火锅蘸料，绝不仅仅是火锅仪式感的一部分，而是火锅灵魂的一部分。没有蘸料的火锅，就像一个残缺不全的灵魂；而搭配不对的蘸料，甚至能让资深老饕们瞬间凌乱。川渝火锅搭配油碟，脑花搭配干碟，老北京涮羊肉搭配麻酱、韭花和腐乳，潮汕牛肉火锅搭配沙茶酱和香菇酱……每一种火锅都有自己的标配蘸料。

川渝火锅有一个特色食材就是酥肉。酥肉，裹了面糊炸出来的金黄肉条，在鲁菜里叫干炸里脊，但是干炸里脊的形状要规整得多，都是长条状。酥肉有条状，也有块状，但是形状不重要，最重要的是口感。对于资深的火锅老饕来说，酥肉的质量直接决定了一家火锅店的整体水平。相对于争分夺秒的毛肚、鸭肠和久煮不厌的猪脑花，酥肉虽然没有那么惊艳，却是唯一可以陪伴全场的食材。等上菜的时候来一个，等菜好的时候来一个，中场休息来一个，吃完火锅了还可以来一个。为川渝火锅搭配酥肉的第一家店已经无法考证，唯一可以确认的就是，老板真的是个天才。为什么要点酥肉呢？因为大部分好吃的火锅店都十分火爆，不管是等位还是等锅的时候，食客们又饿又无聊，看着眼前一桌桌红汤翻滚的火锅飘香，可能就要按捺不住了。这时候店家提供了另一种选择，一份香酥带着油温，足以安抚一个吃货饥渴灵魂的酥肉。没有丝毫的辣味，只有恰到好处的花椒消解了肉的腥味，在吃到火锅前，酥肉是对口腔最好的洗礼，唤醒味蕾，抚慰“望穿秋水”的胃，为迎接大餐做了最好的铺垫。酥肉还能帮助带娃的家长们安抚小朋友，一根酥肉能让小朋友安静且投入地嚼上半天。没办法，毕竟人类对油炸食品几乎没有抵抗力。

如今的川渝火锅，几乎是“万物皆可涮”，连烤鸭都可作为火锅食材。于是有些店主，就推出了“冷酥肉”，扔到锅里涮着吃。

川渝火锅，只有想不到，没有涮不到。对于火锅老饕们来说，不管食材多么五花八门、千奇百怪，入锅的先后顺序是绝对不能打乱的，这就是老饕们内心的秩序。

✕ 传统川味辣椒面干碟

✕ 酥肉

川渝火锅的麻辣家族

川渝人民实在是太热爱火锅了，单纯的火锅店已经不能满足川渝人随时随地能吃火锅的愿望，于是就从九宫格、鸳鸯锅又衍生出了一个庞大的火锅家族，主要代表分别是冒菜、串串香、麻辣烫、冷锅串串、钵钵鸡。

“冒菜是一个人的火锅，火锅是一群人的冒菜”，这是对冒菜最形象和最简单的定义了。冒菜最早出现在成都，历史并不久。“冒”是一种烹饪手法，用开水氽烫生肉，在高温作用下，肉质迅速变得紧致，肉里原本的血水被逼出，开水上漂浮着一层血沫，“冒”就完成了。这时把“冒”过的肉捞出洗净，再进行二次烹饪加工，肉本身的腥味就会减少许多。冒菜的雏形，其实是“冒饭”。早年在成都街头，小店或者小摊贩用调制好的汤煮些肥肠之类的食材，食客们可以自己带着剩饭过去，老板就会帮忙在汤里烫一下，在剩饭里添加一些肥肠等新鲜食材，这就是最早的“代客冒饭”。后来带剩饭来加工的人少了，这种吃法却流传下来，食材也变得更加丰富，渐渐就演变成了单人小火锅，只不过不需要自己煮，店家给煮好了，自己捧着碗吃就行。

“冒菜是一个人的火锅”这个说法，之所以能被广大川渝人民认可，还有一个很重要的原因就是冒菜除了不用自己涮，其他吃法跟火锅几乎一样。同样是葱、姜、蒜爆锅，然后用牛油炒制锅底，炒出香味后，加汤熬制，做成锅底。虽然是一个人的火锅，但是锅底比起九宫格也毫不逊色，而且锅底还会加些中药。就是因为这份讲究，所以很多人喜欢把冒菜汤也喝掉。锅底加药材，应该是冒菜与串串香和九宫格的最大区别了。

冒菜的食材一般都是固定的，基本搭配就是肉类、豆制品、青菜、海

⋊ 冒菜

鲜、菌菇类等。选好的食材放入一个大竹勺，竹勺底尖口大把手长，完全浸入锅中，每一样食材都充分吸收了锅底的汤料，香气四溢。冒菜也是有蘸料的，不过基本都是用干碟。烫好的菜倒入碗中，淋一勺冒菜的锅底汤，菜放在干碟里一蘸，吃完再来一口冒菜汤。一个人的火锅，也可以吃得酣畅淋漓。

麻辣烫和串串香，在很多人看来就是成品带不带签子的区别。其实发展至今，二者的区别也已经越来越大。麻辣烫的拥趸者坚定地认为，麻辣烫才是原始的川渝火锅。在毛肚、黄喉血旺之前，四川泸州到三峡一带的行船纤夫们，就会在江边支个瓦罐煮煮鱼、虾、野菜，直到重庆的船工和小贩们开发了“水八块”，后又演变成九宫格，于是九宫格就成了正宗的毫无争议的“火锅”。除了九宫格以外，所有貌似川渝火锅的各种吃法，就都有了各自的名字，比如麻辣烫、串串香、冒菜等。

据说麻辣烫这种叫法，不太符合川渝人的发音习惯，川渝人很喜欢用叠词。比如用扁担挑货物的工人，在重庆就叫“棒棒”；鱼叫“鱼摆摆”；吃肉叫“吃莽莽”“吃嘎嘎”；形容一个人反应慢，就说“瓜兮兮”。类似这样的叠词，在四川方言中随处可见。就连普通的人和物都要用叠词来表达，更不用说是热爱的火锅。所以麻辣烫就有了另一个可爱的名字：串串香，还有从串串香演变而来的冷锅串串、钵钵鸡，都是叠词。

麻辣烫从江边流行到街边的时候，重庆乐山曾有过这样的民谣，“八十年代街边站，电杆脚下烫串串，一口砂锅几样菜，一盘干碟大家蘸”。四句话，就把重庆人在街边吃串串的形象生动地展现了出来。火锅是一定要进屋吃的，但是火锅之外，不管是冒菜，还是麻辣烫、串串香、钵钵鸡、冷锅串串，都是可以随时随地在街边吃的。川渝人民对食材讲究，但是对吃的形式却完全不在意。

麻辣烫和串串香叫了不一样的名字，时间长了，竟然渐渐地真有了区别。二者的相同点都是把食材串在签子上，放到滚烫的锅底里烫熟。但二者区别也很大，串串香有点像自助餐，自取自煮，一桌一锅，喜欢烫到几分熟完全看自己的心情。麻辣烫是点菜，后由店家代为烫煮后给客人端上来。串串香因为是一桌一锅，或者一人一锅，所以可以自选锅底，或者根据自己的口味配制；麻辣烫就像冒菜，只有一个锅底，食材入味，煮好上桌。串串香因为形式上更接近火锅，所以大多串串店都有门店，有一定的规模，也有了很多的连锁店；麻辣烫就更接地气，夜市、路边摊、小吃车，都能看到麻辣烫的身影。从口味上来说，开成店面的串串香，就需要更加浓郁和独特的味道吸引专程而来的食客们；麻辣烫的味道则更为清淡适中，因为面对的是街边过客，所以更需要做得老少咸宜，以此捕获更多

麻辣串串香

潜在食客。

冷锅串串在最近几年突然开始受到追捧，大概与其独特的烹饪方式有关。冷锅串串先要把所有食材在清水里煮沸，然后把客人点的食材放入碗中，淋上调制好的锅底，就成了冷锅串串。冷锅串串的锅底和食材不像火锅、麻辣烫、串串香那么滚烫，虽然叫“冷锅”，并不是真的冷，只是没有底火加热，但是入口是适宜的温度。冷锅串串让串串变得更简单，锅底虽然差不多，但是多了一道工序，就是把锅底所有固体调料全都过滤干净，所有味道都留在那一锅汤里。冷锅串串上桌前，淋一勺调制好的锅底汤，撒一把白芝麻，省却了蘸料，口感却不输阵。

钵钵鸡跟冷锅串串很像，都不需要自己煮，结账时按签子数量结算，也是将食材浸泡在锅底汤料中，不同的是，冷锅串串是点好之后再淋汤，

〤 小郡肝

钵钵鸡是“所见即所得”，点餐的时候，就是从一个个大瓦罐挑选被汤料浸润的食材，挑好马上就可以吃。钵钵，其实就是瓦罐。这种吃法应该适合心急赶时间的食客。

川渝人把火锅开发出了各种花式吃法，如果看到这几种就已经绕晕了，那最好还是亲身实践，绝对可以打开味蕾的二次元。

PART 03
返璞归真的粤式火锅

如果说川渝火锅是在复合调味的基础上做加法，那粤式火锅，就是在食材极致新鲜的基础上，不断地做减法。比如潮汕火锅，最早锅底汤料也是各种调味，但是当食材越来越丰富，生活越来越好，锅底调味反而越来越简单。其实不止潮汕火锅，粤菜很多菜式，包括粤式火锅，都有这种返璞归真、大道至简的倾向。

将新鲜做到极致的潮汕牛肉火锅

潮汕地区拥有漫长的海岸线、密布交织的水网、广袤的平原和林立的山地，纬度又落在北回归线上，多样的地形、充足的阳光和丰沛的雨水，为这块10346平方公里的土地提供了丰富的物产和多样性的食材，为潮汕菜提供了最重要的基础条件。而潮汕地区经历了很多次族群交融，其中几个族也对潮汕菜系产生了深刻影响。最终潮汕菜融合了闽菜和粤菜的精华，成为中国的美食圣地之一。

由于地理位置远离中原，潮汕饮食保留了原始的古老味道，也让潮汕地区形成了独特的宗族文化。从中国走向世界的潮汕商人，经过几百年的洗礼，已经成为中国影响深远的商人族群。潮汕商人认为做生意只要正当、合法、能赚钱，行业并不重要，重要的是在合适的时机选择合适的产品。这就很像潮汕饮食观念，吃什么没那么重要，重要的是在合适的时间选择合适的食材，时令与新鲜度最重要。

食在广州，味在潮汕。在极致新鲜这件事上，最典型的例子就是潮汕牛肉火锅。潮汕沿海，并不适合养牛，但是潮汕人却把牛肉火锅吃到了极致。

潮汕火锅使用的牛肉，一般选用云贵川一带的土黄牛，在四川、贵州等地饲养。专供潮汕火锅店的黄牛，对牛龄也有要求。年龄太小的

潮汕牛肉火锅

牛，没有牛肉味，年龄太大的牛，肉会比较老，最好是养到两年左右，运回潮汕当地育肥一段时间后再屠宰。育肥，是为了让牛肉有更加丰富的大理石花纹，以及肥瘦相间的绝佳口感。

为了追求极致新鲜的口感，潮汕的牛肉从屠宰到上桌，会严格控制在4小时以内。想要在4小时内完成各部位的拆解，还要处理成能够直接端上餐桌的食材，就需要一套行云流水的刀法，这时候就能真正理解，什么叫“庖丁解牛”。即使是熟手操作，一把解牛刀，12年还是会磨损到原来大小的一半不到。一头牛只有不到三成的肉可以作为火锅食材，还有不到三成可以做成牛肉丸。剩下不适合做火锅也不适合做牛肉丸的肉，在潮汕都统称为“牛杂”，有筋有肉，更适合炖煮。所以潮汕人去了外地，哪怕是广州，都会对“牛杂”这个词感到疑惑，因为除了潮汕，外地的牛杂都是牛内脏。

潮汕牛肉

能做火锅食材的牛肉，精确地取自牛的九个不同部位。大而肥的牛，胸口会有不到三两的“胸口油”，这属于稀有品类，因为不是每一头牛都有。“胸口油”切片之后需要烫3分钟，虽然看着是白花花的一盘肥油，但是烫熟之后的口感肥而不腻，十分脆爽，满口都是化开了的牛油香味。

除了胸口油，其他八个部位都只需要烫8秒。这些火锅专用肉最好的部位在牛的脖子、背脊，其次在肩胛、腹心，再次之是臀部，并且都有自己的专属名称：雪花脖兰、匙仁、匙柄、脚趾、吊龙伴、肥胼、精选嫩肉、五花趾。每个部位切薄片码成一盘，资深食客一眼就能分辨出来。

潮汕牛肉因为是新鲜现切，所以对刀工要求特别高，就很像早年老北京涮羊肉对刀工师傅的要求一样。老北京的涮羊肉虽然后面也有了切片机，但是新鲜羊肉手工现切仍然是很多涮肉店的一大卖点。潮汕牛肉火锅也一样。老北京羊肉都是冷冻之后切片，但是正宗的潮汕牛肉火锅，则是新鲜现切的牛肉，这无疑增加了切肉的难度。机器再好用，在切肉这件事上，也很难比拟双手的精确，尤其是切鲜肉，即使是同一部位的肉可能因为纹理的细微区别，厚薄切法也会不一样，所以一般火锅店还是依赖熟练的刀工师傅，将牛肉分类、去筋、去膜，然后按部位切片。潮汕牛肉火锅的火爆，也催生了对切肉师傅的巨大需求，对手工切肉的严重依赖，也让切肉这个岗位变得特别重要。本地刀工师傅高价难求。这样的门槛，让潮汕火锅的扩张变得有些缓慢。毕竟不是每个区域都能保证从屠宰到上桌控制在4小时以内，当天不能用完的牛肉，第二天再用就已经是完全不一样的口感，所以如果想吃到最地道的潮汕牛肉火锅，还是要到潮汕。用潮汕特产南姜，加上牛骨熬制的清汤底，配上熟练的刀工师傅手切的4小时以内的牛肉，才能真正感受潮汕人享用的极致新鲜。

另外一道值得一提的美食，就是潮汕的撒尿牛丸。传统的潮汕牛丸，用的是牛的后腿肉，去筋切块，然后用两把各3斤重的铁棍不断捶打，把肉块捶打成肉浆。这样的制作方式是很多人无法想象的，因为一块肉靠捶打被打成肉泥，需要耗时至少3小时，历经至少上万次捶打。牛肉经过捶打，不会过分切断肌肉纤维，反而使肌肉纤维不断延展折叠，所以潮汕的牛肉丸会十分Q弹。电影《食神》里曾有一个片段，几个人用撒尿牛丸代替乒乓球，在球桌上一来一回十分认真地对打。虽然这个电影场景有夸张的艺术加工成分，但是也确实说明潮汕牛肉丸的弹性很大。不过现在工业发达，也有了仿捶打的钝锤机，大部分的潮汕牛丸已经用机打代替了人工，口感上不会有太大差别，这也让更多的人得以尝到这一特色美食。

就像老北京涮羊肉专门配芝麻酱，潮汕牛肉火锅也有自己的专属配酱：沙茶酱和普宁豆酱。沙茶酱是一种复合配方，包括花生、芝麻、虾

潮汕牛肉丸

米、豆瓣、辣椒、五香粉、草果、姜黄、香菜籽、芥末粉、丁香、香茅、炸蒜蓉、葱蓉、洋葱等原料。普宁豆酱是潮汕特产，是以大豆发酵为主的豆酱。至于去哪家店里吃，能在潮汕开牛肉火锅店的，一般都不会太差，即使路边小店也不会让人失望。这就像敢在兰州开牛肉面馆、在重庆开火锅店一样，没有一点真本事，是不敢砸钱做这个生意的。

从鲍参翅肚到牛肉，再到路边野菜，潮汕人不会计较食材的轻贱，对待所有食材都一样的认真且尊重，一样的精心制作，成品也总是令人惊艳。这一点，也非常像潮汕人的待人接物之道，无论对谁都谦和有礼。这或许也是潮汕商人总能在商业上取得成功的重要原因。

不浪费锅底的粥火锅

广东人对吃的最大贡献，就是用食物传承了“药食同源”的养生观念，形成了独特的养生智慧。广东人对穿也许不甚在意，但是对吃，一定是如信徒般虔诚，上至看舌断病，下至啤酒里应该放多少枸杞，全都安排得明明白白。

同样是湿气重，四川阴雨连绵，难见晴天，所以湿气是又湿又冷，四川人爱吃辣，祛湿又御寒。广东属于南亚热带季风湿润气候，日照时间长，还有来自海洋的暖风，所以湿热，于是广东人就发明了凉茶和老火靓汤。作为海上丝绸之路的重要起点，广州早在唐宋时期，就已经成为“南药”的主要集散地。

没有宗教禁忌，又懂得药食同源，对广东人来说，好吃的直接吃，不好吃的熬成中药吃，一定让你吃得心服口服。粥底火锅，就是广东人对火锅的另一大贡献。粥火锅起源于广东顺德的毋米粥，其中最著名的是“太艮堡毋米粥”，因为古字竖写，“太艮”竖写时被误念为“大良”，于是原本大良镇的特产，却沿用了古名“太艮堡毋米粥”。“毋米粥”，就是无米的意思，粥底看不见米，因为米都已经煲到开花煮成了米浆，是真正的“有米不见米，只取米精华”。

毋米粥火锅的正确打开方式，应该是舀一碗煮好的粥水先喝掉，提气暖胃，然后开始涮食。正宗毋米粥，都是用瓦煲，瓦煲盖比较重，起到了半压力锅的作用，米粒在沸腾过程中更容易变软、破碎。文火煲煮4小时左右，粥底已经煲得绵柔糯软，直到成品已经水米融为一体，这时再捞走一部分固体的米粒，剩下的就是精华的粥汤底了。

粥底火锅

粥底火锅涮烫食物也非常讲究顺序，一般都是先放海鲜、河鲜，主要是贝类、虾蟹、鱼片等。海鲜的鲜味与粥水融合，本身就形成了更加鲜美的汤底，这样涮出来的海鲜能够保持最鲜嫩的海鲜口感，不至于串了味道。第一轮吃完，再开始第二轮放肉类，猪肉、牛肉、羊肉不限。涮完海鲜再涮肉类，会带着海鲜的味道，格外鲜美。第二轮吃完，就可以喝粥了。这时的粥融合了海鲜和肉类的荤香，又刚好解了肉的油腻。一小碗粥过后，就可以放些淀粉类的食材了，比如油条、面条、米粉等。最后再涮蔬菜，蔬菜吸收了粥底的油脂和鲜味，消解了蔬菜本身的青涩。涮过蔬菜的粥，菜的清香冲淡了前两轮海鲜、河鲜还有肉类的荤香，这时候再喝一碗粥，锅底的粥已经变得清香鲜甜，融入了各种食材精华的粥底，真的是回味无穷。

更讲究的粥火锅，会用韶关的油黏米，熬煮10个小时后，将米和粥水分隔开来，粥水做火锅的粥底。这样的粥底，带着最纯粹的米香，已经不需要再添加任何高汤或者中药，不需要做成药膳，本身就已经非常养生了。绵柔的粥底在锅里翻滚，食材被完全包裹，外层迅速变熟，但是粥底不会像清水那样导热过快，所以食材内里只是慢慢升温，这样就不至于因为加热过快而导致肉质发柴。这样的粥底火锅，也是粤式“粗料精做”的一个典型。

粥火锅不会用重口的蘸料，一般会用海鲜蘸料或者沙茶酱。还有更清淡的吃法，就是用海鲜酱油撒一点熟芝麻、香菜末。当然也有不用蘸料的，纯粹享受食物的清甜。

如果说重庆火锅的店面特色是防空洞里的“洞子火锅”，那广东粥火锅的特色，就是上千平米的大排档火锅。广东中山的三角镇，曾经以生产“三角”牌电饭锅闻名全国，如今更多人慕名而来，却是为了一品“明记食

ⅹ 粥底火锅食材

店”的粥火锅。大广场上没有成群结队的广场舞，因为大妈们都在忙着备菜。硕大的拼接顶棚，笼罩了几乎整个广场，一排排长桌，像极了村里的流水席。没有人招呼等位，没有海底捞的小食，也没有川渝火锅的饭前酥肉。食客们需要自己寻找位置，或者自己协调商量拼桌。桌椅都很简单，椅子就是最常见的塑料靠背椅，但是这样的环境却丝毫不能阻挡食客们前赴后继的热情。免费的粥底毫不敷衍，黏稠绵软，米香四溢。最关键的是食材，肉丸是新鲜现打的，虾是活蹦乱跳的，鳝鱼刚刚斩好，所有食材都码放在不锈钢盘里，食客们拎着购物筐自取。除了生蚝需要过秤，其他食材按不锈钢盘结账，一个盘子10块钱，粥底调料是免费的。一个大排档，一晚上人声鼎沸，络绎不绝，这份酣畅淋漓，大概只有北方小广场的露天烧烤可以媲美。

跟粥火锅很相近的还有生滚粥、老火粥和潮汕砂锅粥，按照中医理论，粥能养胃补脾、润肺生津，不仅增进食欲，而且清爽可口，易于消化，既能满足口腹之欲，又没有长胖的担忧。

冬季随处可吃的打边炉

香港火锅和澳门火锅属于粤式火锅，其中最著名的是打边炉。广东人喜欢打边炉，就像重庆人热爱毛肚火锅一样。港剧里如果有聚餐情节，最常出现的食物就是打边炉。三五亲友围坐一桌，桌面支个小炉，炉上架个小锅，桌上摆一圈菜，聊什么都很轻松、愉快。

打边炉，正宗的写法应该是：打甂炉，“甂”是指小瓦盆，“打”就是涮的意思。打甂炉，就是涮瓦盆火锅。最早有关打甂炉的文字记载，可以追溯到宋代。在漫长的岁月里，生僻的“甂”字被更通俗易懂的“边”字代替，“打边炉”也就被理解为“以鱼、肉、蚬、菜杂烹，环鼎（边）而食”。清水打边炉的精髓，就在于忠实食物的原味。这一点跟潮汕牛肉火锅和粥底火锅，甚至诸多的粤式美食不谋而合。

如今，打边炉的瓦盆早已升级为砂锅，这也是打边炉区别于其他火锅的极大特色。其他地区的火锅都是使用金属锅具，因为金属导热快，锅底旺火煮沸，更适合几秒烫熟的食材。打边炉使用的是炭火泥炉，一个小炉子直接端上桌，红彤彤的炭火上，砂锅静悄悄地等着开锅。砂锅导热性较差，但是温度只要上来，降温也慢，特别适合打边炉这种“拉锯战”的吃法。因为对广东人来说，打边炉吃的是过程，一顿饭分好几拨吃，吃上五六个小时也是常有的事，哪怕吃个通宵也很正常。

打边炉的锅底看上去清淡，但是绝不简单。“清汤寡水”都是用鸡、猪骨、海鲜熬煮了几个小时的高汤，有些还会加入中药材，颇有点川菜名菜“开水白菜”的架势，喝一碗汤不仅驱寒，而且滋补养生。更为讲究的锅底，还会用蛇肉、龟肉或者鲍鱼等食材，加入香菇、党参、红枣、山药、枸杞等熬制，一口汤已是鲜美无比，即使涮白菜都好吃。

× 打边炉

广东沿海最不缺的就是海鲜类食材，所以鲜虾、鱼片、鲍鱼仔、鱿鱼须是打边炉最常见的配置。除此之外，各种筋道的“丸”和软嫩的“滑”也是主菜，常见的有牛丸、鱼丸和虾滑。不管吃什么，打边炉的精髓是食材新鲜，任何食材只要足够新鲜，即使清水锅底，也不会辜负美味。因为不舍得破坏新鲜的口感，很多食客会选择不用任何蘸料，未经蘸料浸润的食材，展现了原本的鲜香，别有一番风味。

打边炉因为炉小锅小，一般适合四五个人围坐起着享用，这样可以保证即使投放食材，也不会过量，不会导致砂锅里水温骤降，延长食材的烫煮时间。毕竟打边炉需要汤水一直处于滚沸状态，涮出的食物才足够鲜嫩。

老广东人吃打边炉一定会加鱼片，而且多选鲩鱼。选两斤半左右的

虾滑

鲩鱼刚刚好。太小了肉不多而且鱼味不足，太大了又会肉质粗糙，刺也会又粗又硬。鱼肉以横截面切薄片，以每一片都透亮为上佳。砂锅里的水将沸未沸，在85度左右开始冒着虾眼大小的水泡时，先涮鱼片，只需八至十秒，鱼片打卷呈蝴蝶状，透亮的鱼肉变得雪白，马上出锅蘸料，配几根姜丝、葱丝，再来一杯打边炉专用的红米酒，驱尽一身寒气，温暖了胃，也温暖了心。

打边炉还有两样必不可少的经典菜品：石膏豆腐和鸡腰。豆腐一定要石膏点过的，因为石膏有清热泻火的功效。鸡腰，就是公鸡的睾丸，广东人认为鸡腰“大补”，尤其在冬天用火锅煮，功效会发挥得更加淋漓尽致。“药食同源”的观念，在广东人心里真的是根深蒂固，好吃的直接吃，不好吃的熬成中药吃，一定让你吃得心服口服。广东人，真的太会吃了。

港式海鲜火锅

在潮汕牛肉火锅对牛肉部位的区分越来越细、广式打边炉选取的食材越来越丰富的同时，港式火锅也在悄悄崛起。因为食材主打海鲜，所以“海鲜火锅”也成为港式火锅的代名词，就像麻辣火锅代言了川渝火锅一样。由于历史原因，香港形成了自身独特的中西融合的文化，饮食上也是中西合璧。港式火锅，更是成为集结了不同国家菜式特色的国际化火锅。

虽然各地食材越来越讲究新鲜，但是论新鲜度，除了潮汕牛肉火锅，恐怕就数海鲜火锅了。同样是极致新鲜，但是比起潮汕火锅，海鲜火锅不需要精湛的刀工极大地降低了对食材难度的需求。而且海鲜火锅丰俭由人，想奢侈一点，就用帝王蟹、大龙虾、深海螺，想价廉一点的，可以选择常见的花蛤、青口贝、生蚝。海鲜火锅的好处，就是不管什么样的海鲜食材，都可以混搭，锅底汤煮到最后也同样鲜美无比，这时候再来点蔬菜和火锅面，一顿海鲜火锅就可以完美收官。为了能得到极致新鲜的口感，很多海鲜火锅店会把大部分海鲜养在玻璃水缸中，捞出冲洗，马上就可以上锅。要论食材新鲜，这样的海鲜火锅简直睥睨众生。

因为食材主打海鲜，所以很多港式海鲜火锅店相对来说都比较高档。讲究的海鲜火锅店，进店就能看见各类海鲜水池，客人点的每一样海鲜都是从池里捞出现做的。食材指定供应商，当天到货，当天售罄。12斤的阿拉斯加帝王蟹，可以做出6种吃法。象拔蚌一只3到4斤，也都是鲜活的。

海鲜火锅

主打海鲜的火锅店当然也不会少了鱼，不过高档的海鲜火锅店，主打食材就不会是价格亲民的鲩鱼了，而是东沙群岛特产的深海野生东星斑，石斑鱼中的名贵品种，每条价格1000—3000元不等。处理这种名贵食材，需要精湛的刀工。如何去皮切片，再把柔软的鱼肉片得几乎一样厚薄，均匀地码放在摆满了冰块的盘子里，是一门需要千锤百炼的技术。鱼肉涮至打卷就可以吃了，鲜嫩可口的东星斑，不需要任何蘸料，本身就已经是顶级美味。

当火锅食材的差异性再难突破时，店家们便开始在锅底上下功夫。花胶鸡翅煲，味道像名字一样美丽。花胶，就是晒干的鱼鳔，不过不是所有鱼的鱼鳔都可以晒干做成花胶。顶级花胶只选取特定的几种鱼的鱼鳔。花胶含有丰富的蛋白质和胶质，按照中医说法，可以滋阴养颜，补血补肾，强壮机能。花胶鸡翅煲，也是广东人食疗的常见选材之一。

海鲜火锅店也有辣锅，但不是川渝火锅那种用牛油炒制的辣锅底。广东人饮食偏清淡，日常除了干炒牛河能看到厚厚的一层油，大部分主食和菜品都是很清淡的，火锅更不会用一层厚油。港式海鲜火锅的辣锅底，通常是泰国风味的冬阴功汤。冬阴，就是泰语里的“酸辣”，“功”就是虾，冬阴功原意其实就是一道酸辣虾，到现在，冬阴功已经演变成了一种独特的酸辣口味的代名词。但是不管哪种锅底，港式海鲜火锅追求的都是原汁原味，尝鲜尝真。

澳门豆捞已经成为澳门火锅的代名词，其实澳门豆捞是一个品牌，是浙江商人2004年开的火锅店的店名，取谐音“都捞”。在中国南方的语境里，就是“有钱大家一起赚”的意思。名字是个好彩头，食材又新鲜，所以“澳门豆捞”也就打开了局面。澳门豆捞当时还有一个创新，就是一人一锅。单人单锅，虽然没有吃大火锅的那种氛围，但是相对来说更卫生，

泰式火锅冬阴功汤

也更优雅，比较适合商务宴请，也适合那种关系还没有亲近到“同捞一个锅”的朋友。

澳门豆捞虽然不是澳门本地人创立，但是也秉承了澳门火锅的精华，主打海鲜，鱼虾制成各种鲜鱼滑、鲜虾滑，就连牛肉都做成了牛肉滑。锅底清淡，讲究养生。豆捞店里装修精致大气，完全没有川渝火锅的烟火气，反而更像高端会所。

台湾的麻辣火锅与川渝的麻辣不同，台湾的麻辣锅底的底汤甚至可以直接喝，但是麻辣锅在台湾毕竟不是主流。台湾比较流行的是日本涮涮锅，高汤底，蘸料简单到只有酱油加葱花和蒜，吃的也是食物的本味。至于食材，则是融合了百家之长，从肥牛、虾滑、牛肚到各种海鲜，十分丰盛。或许是因为台湾美食小吃太多了，所以火锅才没有机会大行其道吧。

PART 04

化繁就简的江浙系火锅

地处长江中下游平原的江南地区，自古就有“水乡泽国”“鱼米之乡”之称。江浙一带物产丰饶，为美食发展奠定了物质基础。

作为中国最发达、最富庶的一个地缘板块，江苏南面的浙江，更擅长海产和腌制食物。南宋迁都临安府（今杭州）之后，官菜品味深刻影响了杭帮菜，盐和酱油的使用大大减少，同时开始尝试大量新奇的烹饪方法和调料。

以茶入菜，早在春秋时期就有记载。在长沙马王堆汉墓还曾出土过用茶做的食品——苦羹。到了唐朝，茶已经成为一种全民饮品。那时候的茶室、茶馆，除了供应清茶，还有粥茶、茶叶蛋等茶食。宋代进一步继承和发展了唐的茶馔，各种“茶宴”“茶会”兴起，茶食也让茶叶菜肴日益丰富。最为著名的茶叶菜肴就是龙井虾仁。

龙井虾仁清新鲜美，在江浙广为流传。1972年美国总统尼克松访华，周恩来总理在杭州设宴招待，菜单里就有龙井虾仁。

江浙菜系以茶入菜的习俗也影响到了火锅，菊花暖锅，就是江浙流行的火锅。

江浙火锅

清香袭来菊花火锅

菊花火锅最正宗的吃法，大概源于清末的慈禧太后。作为御膳的菊花火锅，用的是花瓣短且密，清香洁净的白菊花“雪球”。每年深秋，白菊花“雪球”绽放，宫女们挑选开得最好的，拆散了花瓣，温水洗净，再搬出慈禧太后最爱的银寿字火锅，火锅里滚开的是名贵食材熬制好的肉汤，桌边待涮的是生鱼片、鸡肉片。这时雪球花瓣下锅，菊花清香袭来。渗入了菊花清香的肉片，也变得格外香甜。

宫廷吃法传入江浙后，也大受追捧。这种吃法不仅风雅，而且别具风味。作为菊花火锅的灵魂，“雪球”特别宜于煮食，不过现在的菊花火锅也开始尝试更多种类的菊花。菊花火锅的清汤底也不是清水汤底，用的是原汁鸡汤或者高汤。汤滚开后，下肉片烫熟，蘸料也清淡，大多是海鲜汁。

菊花火锅

这种清雅又败火的吃法，跟川渝火锅相比，简直就是两极。

菊花火锅还有一种锅底——鱼羹奶汤。带骨的鱼肉熬出奶白色，吃火锅之前先来一碗鱼汤鲜美滋润，养颜滋补。在菊花锅底倒入奶白的鱼汤，花香和鱼的鲜香相互融合。锅底沸腾后，倒入各种肉片，或者加入时蔬、豆腐等食材。其中鸡片算是一种特色吃法，毕竟各地火锅中涮鸡肉的并不多见。

用鸡、鸭、肚、肘一起熬制，又会出品另一种经典的菊花奶汤锅底，更适宜冬季食用。丰富的动物油脂提供了冬季需要的高热量，标准配菜是四生片、四油酥和四素菜。四生片是鱼片、鸡片、腰片和郡肝片，四油酥是馓子、油条、油酥粉条和麻花。生片薄切，油酥脆炸，汤底熬白，或白色或黄色的菊花瓣撒进来，又好看又好吃。

江浙一带温和的饮食口味，正如江浙人内敛温和的性格，真的是一方水土养一方人。

什锦暖锅，年夜饭的压轴菜

与其他地方的火锅不同，什锦暖锅是把食材在锅中码放整齐后加汤，盖上盖子，这时再打开炉火加热。等到汤底沸腾，食材全部熟透，再端上桌，一家人围坐享受美食。虽然也叫“锅”，但是不同于常规火锅的烹饪方式。

什锦暖锅做年夜饭，是苏州和上海的传统。为了年夜饭上讨个好彩头，什锦暖锅还有个名字叫“聚宝盆”或“全家福”。通过这个名字就可以看出什锦暖锅的食材有多丰富。什锦，原本就是指由多种原料制成，或者多种花样拼成的食品。

什锦暖锅，在苏州、上海一带，家家都会做，但是原料各有不同。这就像老北京家家都会做的炸酱面，百家百味各有不同。暖锅看着简单，但是摆起来却很有讲究。黄芽菜和粉丝打底放在最下面，因为黄芽菜不容易体现摆盘的精致，同时黄芽菜需要浸水久煮，慢慢吸收味道。粉丝要选山东烟台的龙口粉丝，因为龙口粉丝耐煮，经煮不烂，开锅之后粉丝晶莹剔透，保持着入锅时的样子，十分有卖相。这两样打好底，再铺一层冬笋，毕竟腌笃鲜是江浙沪名菜，作为本地特产，冬笋是必不可少的。笋与荤菜格外相配，吸收了油脂的冬笋，味道也变得服帖，十分鲜美。大部分什锦暖锅，食材里必不可少的一定会有肉圆、鱼圆，取团圆之意。另外还有糟鱼、肉百叶、红烧肉、蛋饺、鸡块、鸭块、笋干、线粉、菠菜等，颜色丰富，食材也丰富。一片片一样样转圈码放整齐，中心放一颗切了花刀的香菇，又提味又好看。

什锦暖锅食材包罗万象，汤底也不含糊。苏州人擅长吊汤，苏州的米线店都有自己的私家汤底配方，就像川渝火锅店家家都有独到的锅底配方一样，所以什锦暖锅的锅底绝不会是白水，即使是清汤，也都是精心熬制的鸡汤或者火腿汤，单是汤底，尝一口已经是十分鲜美了。条件好些的家庭，还会在食材里添加海参、鱿鱼、大虾，这些海鲜与鸡、鸭、肘、五花肉、猪皮、肉圆等肉类，混合出另一种异香，隐隐能吃出一种低配版佛跳墙的味道。

什锦暖锅的另一个标配，就是蛋饺，这是重中之重。蛋饺皮不能太厚，厚了一折容易裂开，也不能太薄，薄了容易露馅。一张恰到好处的蛋饺皮，放上肉馅后赶紧对折，边缘的蛋液融合，经过加热，就自然黏合在

╳ 蛋饺

了一起，一个金灿灿的蛋饺就做好了。饺子本身就寓意“元宝”，金黄色的蛋饺更是寓意金元宝。年夜饭中压轴的什锦暖锅，满满都是人们对新年的祈盼。

PART 05

云贵高原的风味火锅

据说，在过去的几年里，贵州“老干妈”辣椒酱成为亚马逊网站最受欢迎的中国品牌国货。

在社交网站脸谱上，有一个老干妈爱好者主页，上面聚集了世界各地的“老干妈”粉丝，大家交流最多的话题是：上哪儿能买到“老干妈”？人们晒出了老干妈的各种吃法：老干妈配圣代、香蕉蘸老干妈等。粉丝们用“老干妈配一切”来表达自己发自肺腑和味蕾的喜爱。

“老干妈”和贵州酸汤

云贵高原总面积约50万平方公里，是中国喀斯特地貌最为典型和广布的地区，贵州的兴义万峰林就是典型的喀斯特地貌。贵州的喀斯特地貌还为天文学贡献了一个绝佳的场地。直径达500多米，面积相当于30个标准足球场大小的“天眼”望远镜FAST，就位于贵州省平塘县。

贵州的喀斯特地貌虽然无意间促成了一个天文学上的里程碑项目，但是喀斯特地貌使得雨水容易下渗，地表蓄水能力弱，导致贵州的农耕基础自古以来都是很落后的。这种情况一直延续到了明朝，随着番茄、土豆、玉米和辣椒的引入，终于让贵州找到了适合本地的农作物。

番茄、土豆、玉米和辣椒成为云贵高原尤其是贵州人餐桌上的主角。辣椒成为贵州最重要的调味料；番茄成了黔式风味酸汤的灵魂。贵州辣椒，对很多外地人来说也许可有可无，但是对于“老干妈”和贵州人，绝对是不可替代的。

云贵高原因为地形、地貌的原因，自古交通不便，直到近几十年国家在云贵高原的持续基础设施建设，才实现了“天堑变通途”。但是在以前，这里的一切几乎都要靠自给。但有一样重要的东西，云贵高原给不了，那就是盐。

ⅹ 老干妈

云贵高原毗邻巴蜀，四川自贡产井盐，重庆盛产岩盐，贵州近水楼台，按说应该不缺盐。但是崇山峻岭成了云贵高原无法跨越的交通障碍，官盐垄断又导致盐价偏高，以至于在西南地区，吃盐竟然成为一种奢侈。

长期缺盐会导致低钠血症，具体表现为腿软乏力、恶心嗜睡；还会影响胃酸的产生，无法正常消化食物，从而引发营养不良等症状。古人虽然不懂这么多，但是长期以来的生活智慧，让他们学会了制作能代替盐的食物。

在辣椒还没有传入的年代，贵州人用焚烧后的草木灰泡水过滤，当成调味蘸水。虽然味道偏苦，但是其中的钾盐多少能让饮食不那么寡淡，也可以防止低钠血症。除此之外，贵州人还发明了今天仍然流行在云贵高原的酸汤酸食。贵州有句老话："三天不吃酸，走路打捞蹿"。捞蹿，就是走路东倒西歪的样子，是腿软乏力的低钠血症的表现。贵州酸汤的酸味是通过发酵获得的。食物在发酵过程中产生了硝酸钾和硝酸盐，能有效代替食盐补充人体电解质。而辣椒本身富含钾和维生素C，还含有钠、镁、磷、钙、铜、锌、硒等多种微量元素和多种维生素，因此辣椒也就成了云贵高原上人们的天然"维生素片"。自从饭菜有了辣椒，吃得更开胃了，以前缺少的钠和钾都得到了有效补充，人也强壮起来，于是辣椒在贵州的地位如火箭般蹿升，家家户户每顿饭都要吃辣椒。

引入了番茄和辣椒之后，贵州酸汤变得更加富有风味。要寻找最地道的贵州酸汤，一定要去凯里。凯里的酸汤分两种：红酸汤和白酸汤。白酸汤，也叫清酸汤，原料有大米和糯米，或者面粉和糯米粉。大米加水煮三四分钟，盛出米汤放入坛中，加入老酸发酵，快的话第二天就能吃。白酸汤颜色清凉，味道清淡，可以做菜用，也可以冰镇之后直接饮用，清爽解渴。

酸汤鱼

红酸汤在白酸汤的基础上丰富了很多食材，所需时间也更久。红酸汤也叫毛辣角酸汤，“毛辣角”就是番茄、西红柿，配上贵州本地的鲜红辣椒、生姜，还有贵州特有的野生木姜子等原料，经过清洗、粉碎、入坛、发酵等工序制作而成。红酸汤的秘诀就在于食材的比例和辣椒发酵的工艺。在时间的作用下，密封在坛子里的各种食材逐渐融合，经百变而愈酸醇。

贵州人心中的酸汤，如同四川人心中的郫县豆瓣，是无可替代的。四川人嗜麻辣，而贵州人嗜酸辣。在四川人眼里，万物皆可“麻辣”；而贵州人，恨不能“酸汤”万物。来到贵州一定不能错过酸汤鱼、酸汤蹄花、酸汤牛肉、酸汤面、酸汤粉。

不过，最让人满足的还是酸汤火锅。锅中加油烧热，放葱、姜、蒜、花椒爆香，倒入酸汤添水烧开。不用等秋冬，随时可约三五好友，一起感受“酸汤”万物。对了，别忘了酸汤的绝配——蘸水。用炒熟的干辣椒面，配上切碎的香菜，再来块豆腐乳，淋一勺酸汤把调料搅匀。从酸汤火锅里捞出来的“万物”，放到蘸水里蘸一下，滋味瞬间大不同。

云南：野生菌王国

2017年在日本大阪梅田的阪神百货店，新鲜的松茸卖到了每100克10万日元，约合人民币5980元，比神户和牛和蓝鳍金枪鱼还要贵。日本本地产的松茸不够吃，需要大量进口。中国，是世界上最大的松茸出口国。而云南是中国松茸的最大产地。

松茸对生长环境要求极为苛刻，至今无法人工培育。从一颗白色光滑的球形孢子到长成子实体，至少需要5—6年，其中需要克服无数的障碍，还要足够幸运地躲过无数的意外，才能长成一支松茸。所以，每一支松茸都是造物的奇迹。正是因为如此珍贵，所以松茸也被称为“菌中之王”，目前在中国已经是二级濒危保护物种。

云南复杂的地形地貌、多样的森林类型和土壤种类，以及得天独厚的立体气候条件，不仅孕育了松茸，还孕育了其他丰富的野生食用菌。目前，云南已知的就已经有250种，占全世界食用菌的一半还多，所以云南也被称为“野生菌王国”。

因为云南本地的野生菌太多了，所以外地人平常吃得津津有味，还细分

松茸

命名的平菇、草菇、凤尾菇等各种“菇”，云南人只是简单地将它们统称为“人工菌”。在云南人眼里，只有天然的野生菌才有名字。外地人从小就会唱“采蘑菇的小姑娘”，云南人会告诉你：在云南，都说“捡菌”。每年6月到10月，就到了“捡菌”的最佳季节，对于云南人来说，雨季就是“菌季”。

除了松茸，云南还有很多公认的名贵野生菌。

青头菌，这是云南野生菌家族的一条分界线。在云南，不仅是人工养殖的菌类“不配”有名字，就连野生菌，也只有比青头菌更加珍稀的菌类才有自己的专有名称，比青头菌更加普遍的菌类，通常就被云南人统称为“杂菌”了。

可就算是云南人眼里的“杂菌”，对很多外地人来说也是难得的珍馐美味。在德国，像德国香肠一样受人喜爱的鸡油菌，就是云南“杂菌”的四大名牌之一。鸡油菌有一种很特殊的杏香，炖得越久，香味越浓郁。

除了鸡油菌，还有铜绿菌、奶浆菌、谷熟菌，虽然在云南当地被称为“杂菌”，但也都是好吃又有特别功效的食用菌。

地位在青头菌之上的，如羊肚菌，是珍稀食药兼用菌，富含粗蛋白、氨基酸、维生素、硒和叶酸，因其菌盖表面凹凸不平、状如羊肚而得名。还有虎掌菌，肉厚水分少，而且还不生虫，含有丰富的多糖类物质。

有一种脾气特别古怪的牛肝菌，菌伞盖下面的黄色部分，手一碰就发青，所以云南人叫它“见手青”。见手青在云南野生菌里的地位，就像河豚在鱼类中一样，有毒，但是味道特别鲜美。好在见手青的毒素比河豚要容易处理，只要确保高温炒熟，就能破坏菌内的毒素。如果没有完全炒熟，

牛肝菌

毒素累积到一定程度，就会产生“上天入地见小人儿”的幻觉。如果听到云南人说“吃了凉拌见手青”，可千万不要以为这是一道菜，那是云南人在说一个人特别疯癫。

除了见手青，还有清甜细腻的鸡㙡菌、异香柔韧的干巴菌，这些都是非常难得的珍品，也是云南人眼中配得上有名字的野生菌类。

松露，欧洲人眼中与鱼子酱和鹅肝并列“世界三大珍肴”。这种堪比松茸的珍稀菌，云南也有。品质上佳的松露切开之后，有黑色大理石花纹，独特的香味被誉为“来自天堂的香味”，是一种让人无法理解也难以描述的气味。松露跟松茸一样，对生长环境要求极其苛刻，产量稀少且无法人工培育，所以也被称为“林中黑钻石”，是奢华盛宴上的至尊贵族。

野生菌火锅

云南的野生菌虽然种类奇多，可是当地烹调菌类的手法却比较单一。这一点很像住在海边的青岛人对待海鲜的态度，青岛人自己做海鲜，大多是清蒸或水煮。因为食材本身的鲜味就已经相当高级，所以越鲜甜名贵的菌子，云南人的烹饪方法反而越简单。在云南，如果想夸谁家特别阔气，可以这样说："这家人吃菌子，一点肉都看不见！"因为越贵的菌子越要素吃，毕竟在这里，菌子才是真正的"硬菜"。

如果有机会来云南，一定要在6月到10月，找个离山林最近的小镇，在镇上找一家香气四溢的小店，进去点一锅野菌火锅，尝一下来自大山的神奇馈赠。

腾冲土锅子

腾冲，位于云南西南部，作为西南丝绸之路的重要隘口，一直都是兵家必争之地，被称为"极边第一城"。土锅子是腾冲独有的特色风味美食，一般都是多人进餐才会点，没有单人的土锅子。

腾冲的土锅子已经有数百年历史，相传古时一位将军因为发现，军中的营地与营地之间距离太远，冬天给各营地送的饭菜送到时常常都已经冷了，将士们每天吃着冰冷的饭食，身体每况愈下。将军体恤部下，就画了个图纸，让当地的陶匠烧制了一种土锅，用土锅做饭，然后连锅一起端到营地。

这位将军可能是位北方人，因为他设计的土锅子，跟老北京涮羊肉的铜锅太像了。锅子中间是烟囱，用来放木炭，只是材质换成了陶。云南还

× 腾冲土锅子

有一个名吃“汽锅鸡”，用的也是陶制炉具，也是中间有孔，但是那个孔不是烟囱，是传导蒸汽的空心管。汽锅鸡也曾作为国宴招待过美国的尼克松总统。陶制的汽锅也曾作为周总理出国访问的礼物馈赠外国友人。所以云南人使用陶制锅具，是有悠久传统的。

腾冲的土锅子在第一次使用的时候，会用油汤预先烧煮一次，这叫“开锅”。对陶制锅来说，开锅是为了让锅以后使用不容易开裂。

土锅子虽然长得像老北京涮羊肉的锅子，但是做法却很像上海的什锦锅，都是先把食物码放整齐，然后烧煮，开锅之后再端上来。土锅子的烟囱被炭火烧得通红，就像要喷发的火山，锅内翻滚沸腾的食材阵阵飘香。

汽锅鸡

腾冲人结合当地的火山风景，给土锅子起了另一个名字——火山热海。

土锅子最早虽然是为了让将士们能吃上热乎饭，但是这种吃法流传开来，成为腾冲当地的一种特色美食。正宗的土锅子，制作方法极为讲究，要用腾冲本地的土鸡和猪骨熬成高汤，搭配丰富的底菜，通常有蛋卷、芋头、山药、酥肉、黄笋等十几种腾冲特色食材，荤素搭配，层层码放，一般是按照“底荤上素”和“耐煮在下，鲜嫩朝上”两个原则。除了味道，还有色彩，最上面一层，一定是五彩斑斓，宛如花海。微火慢煮，食材的味道慢慢融入汤汁，陶制的土锅子升温虽然慢，却能很好地锁住温度。烧红的炭火悄无声息地改变了食材的状态，土锅子里的香气渐渐溢出，在寒凉的季节熨帖了食客的胃和心。

每年清明、立冬和春节，都是土锅子隆重登场的日子，家里来了贵客，腾冲人也必会用土锅子来盛情招待。腾冲浓郁的乡土风情和充满特色的生活方式，都浓缩在了一个土锅子里。

PART 06

其他地方特色火锅

不管是气候炎热的南方，还是冰天雪地的东北，火锅都是人们无法抗拒的美食诱惑。不同地域的人们，把本地特色美食在火锅上发挥到了极致。不管是东北的酸菜，还是海南的椰子鸡，任何本地最好吃的东西，最后都逃不过被“火锅”的命运。

慢煮慢炖的东北火锅

东北实在是太冷了，尤其是最东、最北的黑龙江，到了冬天，人们最爱玩的游戏，就是向着天空泼水，然后看着水瞬间变成冰。除此之外，用冰雕做成的滑梯，也是东北孩子们美好的童年记忆。

对于东北人来说，大冬天最过瘾的吃法，应该就是一帮人围坐在冰桌前，温一壶热酒，一起吃热腾腾的火锅。冰桌，是真正的在户外用冰凿出来的桌子，而最正宗的吃法还得是光着膀子围坐一圈来吃。当然，这种户外光膀子的吃法就像冬泳一样，只有少部分人敢尝试。

✕ 东北火锅杀猪菜

户外光膀子虽然不敢尝试，但是冬天吃火锅，确实也是东北人的心头好。与其他火锅不同的地方在于，东北的火锅需要提前慢火慢炖，煮到软烂，再连炉子一起搬上桌先吃第一波，然后再下别的菜，涮第二波。

克服严寒最好的办法，就是吃高脂、高热的食物，五花肉就成了东北火锅的主角。肥多瘦少的五花肉，又叫白肉，膘肥肉嫩很鲜美，但是吃多了难免会有点腻，所以白肉完美的搭配就是酸菜。冬天太长，新鲜的绿叶蔬菜太难得，所以大白菜是中国北方家庭过冬必备。可是白菜冻了就不好吃，于是东北人就想到了一个好办法，把白菜腌制成酸菜。将白菜洗净沥干水分，盐渍后一颗颗码放进缸里，这个缸必须是能放四五十棵白菜的大缸，最上面用一个大石板压好，在地窖里放一个月，就得到了美味的酸菜。寒冷的天气抑制了杂菌（此处专指细菌）的繁殖，却解放了乳酸菌的活性，盐分也能更好地渗透到菜里，因为高盐度，白菜不会因温度过低被

菜品码了好几层的东北火锅

冻成冻白菜，东北也就成了全国最适宜腌制酸菜的地方。

在东北人的饭桌上，酸菜可以配“万物”。酸菜火锅、酸菜猪肉炖粉条、酸菜饺子、酸菜鱼……没有酸菜不能搭配的菜，酸菜已经成为东北人心中最亲切的餐桌美食。

除了白肉，东北火锅里不能少的还有拆骨肉。拆骨肉，就是从骨头上拆下来的肉。除了拆骨肉，还有猪肝、肥肠、猪心。东北还有一种特色美食——血肠。白肉血肠是从古代皇族祭品演变而来，主原料就是猪血。生猪血放入盆中，白肉汤烧热，加盐、花椒、胡椒、大料，拌匀晾凉，沥出调料的颗粒，然后拌匀猪血，再灌入洗净的猪小肠，扎口后放入已烧开水的锅中慢火煮15分钟，捞出来凉透以后切片。切片后的血肠莹润细腻，就像红色的内酯豆腐，嫩得一塌糊涂。血肠可以单独蒸着吃，也可以跟酸菜一起炖，当然也是东北火锅必不可少的一味食材。除了血肠，还有糯米血肠，味道也非常特别。

东北的冬天，外面冰天雪地呵气成冰，屋里热气腾腾，人们在烧热的炕上围坐一圈，小桌上是香气四溢的火锅，真是说不出的惬意。

椰香阵阵的海南椰子鸡火锅

海南跟东北，完全是两个世界。海南在北回归线以南，全年平均气温22℃—27℃，稻可三熟，菜满四季，椰林十里，蔬菜、水果、海鲜，什么都不缺，就连文昌鸡都曾是送往宫廷的贡品。任何一个常年生活在冰天雪地的人，都很难抵御海南的诱惑。

海南一大特色就是随处可见的椰子。椰子浑身都是宝，椰汁和椰肉风味独特，含有大量蛋白质和多种维生素、微量元素。椰肉可以榨油、做菜，还可以做成椰蓉、椰丝。椰纤维可以做成毛刷、地毯，椰子壳可以做成工艺品、高级活性炭。椰子从果实到树干再到树根，可以制造多达360种产品，具有极高的经济价值。

对于普通人来说，椰子最重要的价值还是食用。食用椰汁、椰肉不仅对人大有益处，就连吃了椰子饼和椰丝的文昌鸡味道都与众不同。文昌鸡最常见的做法就是白斩鸡，也叫白切鸡。把鸡丢在水里煮熟，然后捞出来蘸着调料就能吃，有刀就斩，没刀就手撕。正因为做法简单，文昌鸡对食材要求就更高。鸡的品种、月龄，烹饪时入水的温度、时间、冷却方式等，每一个环节都有讲究。对于两广海南等地区从小吃鸡的老饕们，出锅的白斩鸡有没有入冰水冷却都能吃得出来，因为只有经过冰水这道工序，

东郊椰林

鸡皮才会格外紧致弹牙。白切鸡烹煮的火候最难掌握，时间太短鸡肉难熟，时间太长肉又老了。经验丰富大厨会在肉恰好断生，鸡骨头里还带血的时候捞出，吃的就是那一口鲜嫩。

椰子鸡火锅是另一个经典的美食搭配。文昌椰林成片，椰姿百态，所以文昌别称“椰乡”。椰乡有特产文昌鸡，于是文昌人就尝试用椰子和鸡搭配，没想到椰子的清甜和文昌鸡的清香融合之后，两种味道相得益彰，于是就有了海南椰子鸡火锅。

椰子鸡火锅的锅底清甜香浓，清甜来自椰汁，香浓是来自椰肉。如果将椰汁和椰肉一起搅碎，就得到了更加浓郁的锅底。相比川渝的麻辣锅底，椰子鸡火锅的锅底就是火锅界的一股清流。在天干物燥的秋冬季节，来一个椰子鸡火锅，鸡汤鲜美，椰汁清甜，搭配海鲜、豆腐和青菜，吃完感觉从胃到口腔全都是清爽舒适，到第二天还会有意犹未尽的满足感。椰

✕ 海南椰子鸡火锅

子鸡火锅要搭配海南特有的沙姜小青桔蘸料，才能称得上完美。吹着海风，看着海浪，室外椰林摇曳，屋内火锅飘香。

来自成吉思汗的吃法：冰煮羊

如果说有什么比椰子鸡火锅的锅底更加清淡的，那就只有内蒙古的冰煮羊了。这道菜就像它的名字一样朴实无华，就是用冰块煮羊肉。听上去像是一种很离奇的火锅，但是吃过的人，都赞不绝口。

冰煮羊，就是在火锅里先倒入冰块，然后再倒入羊肉。虽然锅的形状跟老北京涮羊肉的铜锅相似，但是冰煮羊的羊肉，可不是老北京涮羊肉的薄切羊肉片，而是切成栗子大小四四方方的羊肉块。这种吃法据说源自成吉思汗。相传有一次，成吉思汗带兵打仗时，天气寒冷，攻城又久攻不下，军粮就剩了几十只羔羊。但是当时条件有限，士兵们只能把羊肉简单

冰煮羊，一顿羊肉与冰块碰撞融合的美味大餐

切块，没有水源，只能就地凿冰放入头盔，然后再放羊肉，大火煮开，没想到这样煮出来的羊肉竟然异常鲜美。士兵们饱餐一顿之后士气大涨，竟一举攻下城池，而冰煮羊的吃法就这样流传了下来。

现在主打冰煮羊的饭店，用的都是很讲究的景泰蓝铜火锅，当着食客的面现切羊肉，下锅之前会先铺一层厚厚的冰块。冰块起到了热胀冷缩的作用，冰镇后的羊肉，肉里的水分和鲜味被锁住，所以吃起来会更加鲜嫩。羊肉块上铺满了洋葱、番茄、胡萝卜、大葱、大蒜、姜片等，只需大火猛煮15分钟，冰块化水，水开锅，羊肉刚好断生，就可以吃了。这样煮出来的羊肉块鲜嫩不膻，久煮不老，原汁原味。冰煮羊的蘸料是特制的蒜蓉辣酱。

中国羊肉看内蒙古，内蒙古羊肉看锡盟，也只有来自草原的新鲜羊肉，才敢用最简单的做法。极致的新鲜只需要最简单的烹饪方式，就像潮汕的牛肉、重庆的毛肚、云南的松茸和香港的海鲜。

最大的火锅在山东

说起山东的火锅，很多人会说：山东肥牛火锅。肥牛火锅最早是在20世纪90年代从正宗的港式肥牛火锅引入内地，之后以单人单锅的形式出现，才有了肥牛火锅的名声。但是与潮汕牛肉火锅无法相比的地方，就是始终没有形成一条完整的产业链，不像潮汕地区，从原产地到运输到当地育肥到屠宰，每个环节都十分成熟，所以食客们才得以享受4小时内从屠宰场到餐桌的极致鲜美。再加上近年来，随着海底捞、川渝火锅、涮羊肉、泰式火锅、海鲜火锅等各类火锅的兴起，肥牛火锅更显式微。可以说，在山东并没有本地特色的火锅，全都是舶来品。

但是有一个事实是不容反驳的，那就是山东的火锅大。一般来说，东来顺火锅是直径36厘米的紫铜炭火锅，就是常规火锅大小。而山东潍坊有一种超大火锅，即使是常规用的火锅的直径都有50厘米，锅深56厘米，是当之无愧的最大的火锅。

这种火锅就像重庆的九宫格一样，最早也是源自民间。古代没有超市，人们约定俗成的在特定的日子、特定的区域，形成一个集市，大家在集市上自由买卖。赶集的人往往忙得没时间吃口热饭，于是有人就在集市上架起大铁锅，锅里煮着猪心、猪肝、猪肺、猪肠之类的内脏。因为锅太大，时不时又要捞出食材，加之大锅没有盖子，锅口朝天，所以人们就把这种大锅煮的食材配上面饼叫“朝天锅”。

与重庆的九宫格不同，“朝天锅”不是一人占一个格子捞着吃，正确吃法是把锅里煮沸的食材捞出，切小块，铺陈在一张大单饼上，然后

朝天锅里盛出来食材卷大饼，搭配锅里的汤

撒入芝麻、盐，把饼卷好。老板的动作一气呵成，食客们也无须等待太久，就着饼香和肉香一口下去，十分满足。老板还会给一碗从朝天锅里盛出来的汤，混合着各种肉香，撒上一把葱末和香菜末，喝上一口汤真是暖胃暖心。

朝天锅的真正吃家都会点一份“全家福”，里面混杂了油润软糯的猪头肉、韧劲十足的猪口条、咯吱作响的猪耳朵；或者点一份全套的猪内脏。清炖的食材对新鲜度都有着极高的要求，清水里只加葱、姜、八角和桂皮，只有最新鲜的食材才敢用这么简单的方式烹煮。清淡的肉汤免费给食客们喝，这让朝天锅从众小食中突出重围。

卷饼里必不可少的一个配角就是大葱。不能生吃葱的人，不能算是一个地道的山东人。真正的山东人都敢于把大葱当水果就着正餐吃。烤鸭卷饼里的葱丝实在是太过秀气，最过瘾的吃法还是把一尺多长的葱白直接卷到朝天锅的面饼里，混着肉香，辣中带甜，甜中略呛，要的就是那个味儿。山东人都太爱吃葱白了，小葱已经不够看，只有山东章丘特产的一人高的大葱，才配得上“大葱”的名号。没有葱白的朝天锅是没有灵魂的，就像没有了郫县豆瓣的川渝火锅锅底。五味调和、荤素搭配，也许朝天锅才是儒家中庸之道在鲁菜里的最佳呈现。

PART 07
火锅的灵魂——蘸料

各地火锅的食材和锅底虽然各有不同，但是火锅老饕们都认为，真正的火锅，必须要搭配蘸料。没有蘸料的火锅，只能叫“炖菜”。

麻酱：老北京涮肉必备

有个笑话说，北京人到了重庆，想尝一下地道的重庆火锅。按照北京人的习惯，涮羊肉是一定要搭配麻酱的，于是就问，“有麻酱吗？”服务员说，“我们这哈儿只有火锅儿，麻将出门右拐有一家儿哈。”

虽然是笑话，却也是有人真实经历过。同样是火锅，可见北京和重庆对待蘸料就有如此之大的差别。

北京人吃火锅，不叫火锅，叫“涮肉”。锅底清淡，顶多就是在清汤里放点葱、姜、枸杞，因为老北京涮锅，吃的就是最新鲜的口感。清水涮肉，蘸料就成了点睛之笔。这一点，老北京涮肉与千里之外的潮汕牛肉火锅又有异曲同工之妙。

× 南门涮肉的麻酱

老北京涮肉选用的都不是本地羊，就像潮汕牛肉锅用的不会是潮汕本地牛一样。草原羊肉质细嫩，几乎没有膻味，搭配新鲜的韭花酱和芝麻酱，能够最大限度激发羊肉的鲜美。

唐朝著名诗人杜甫曾经有一句诗，“夜雨剪春韭，新炊间黄粱”。可见在唐朝，人们对吃韭菜就已经非常有心得。韭菜虽然四季都能吃到，但是春季的韭菜尤其鲜嫩。把韭菜花做成韭花酱，到底是谁的奇思妙想，史书上并没有记载，但是不管在边远的云南，还是东北边陲小镇，天南地北的中国人几乎都吃过韭花酱，很多家庭每年也会自制韭花酱。同样的韭花，因为配方和腌制时间、温度的不同，又变幻出千差万别的味道。

芝麻酱的香味调和了韭花酱浓郁的韭香，又不会完全夺走刚出锅的羊肉片自身的甘甜，几种味道混合在一起，让看似简单的涮肉有了极富层次的口感，在味蕾中蔓延，妙不可言。吃涮肉还有一个标配，就是腌制的糖蒜。糖蒜没有了大蒜原本的辛辣，反而酸酸甜甜，点缀在一顿涮肉的尾声里，解了满腹油腻，成了肉食盛宴里最好的注脚。

沙茶酱：闽南语和粤语世界的饮食暗号

当北京人围坐一桌，酣畅淋漓地蘸着芝麻酱和韭花酱吃涮羊肉时，或许他们很难理解旁边对着涮肉有些无所适从的福建人和广东人。因为对于闽南语和粤语地区的人来说，锅里涮的是牛肉还是羊肉都不重要，但是碗碟里的蘸料如果不是沙茶酱，总会让人怀疑这是吃了一顿假火锅。这种感觉，大概就是北方人不小心吃到了肉馅的粽子和月饼，南方人盛情难却地喝下了一碗打卤的咸豆腐脑。

就像芝麻酱和韭花酱不只是可以配涮肉，还可以配凉面配豆腐脑，沙茶酱也不是只搭配潮汕火锅。不管是炒菜还是吃面，都可以搭配沙茶酱，重度用户甚至吃白米饭都拌沙茶酱。这种拿沙茶酱配万物的架势，总让人想起“老干妈”的无国界拥趸们。

沙茶酱，最早叫作“沙嗲酱”，是东南亚烤肉串时刷的特制酱料。明清时期对南海附近东南亚各国称为南洋，在郑和下西洋之前，中国人“下南洋”还只是小规模活动。到了明末清初，“下南洋”就变成了一场人口大迁徙。在那个时候，客居南洋的华人回国之后，对过于辛辣也太过甜过咸的沙嗲酱进行了改良，变得更加适宜闽粤人清淡的饮食习惯，于是就有了现在的沙茶酱。

ꕕ 潮式沙茶酱

沙茶酱的香味，来自主原料花生和芝麻，但是沙茶酱可不是简单的花生酱加芝麻酱。在主原料之外，还有五香配料：花椒、辣椒、大茴香、小茴香、桂皮，还要精选香味浓郁的珠葱熬制葱油。珠葱，就是红葱头，熬制成的葱油葱香四溢，深得闽粤地区的人们喜爱，居家必备的“油葱酥”就是以珠葱为主原料。在闽粤的餐桌上，葱油和蒜片经常成对出现，在沙茶酱里也是如此。

除此以外，潮汕沙茶酱里还有一味特色配料：鲽鱼干。在闽粤语境下，鲽鱼干其实指的是鲽鱼干磨成的粉，就像北方人炖菜调馅必备的十三香一样，是用来调味的。加了鲽鱼干的沙茶酱，提了鲜味也提了咸味，多了一丝大海的味道。

但是，这些并不是沙茶酱的标准配方。不同品牌甚至不同店面，都有自家的秘制沙茶酱，吃上去都是沙茶酱，但是细微处又各有不同。尤其是制作沙茶面汤头的沙茶酱，一定是店家自己钻研或者祖传的，配上更加考验功夫的大骨头汤，化出一锅独此一家的沙茶面汤头，静待着食客们挑剔的味蕾。

潮汕火锅店里的沙茶酱，也都有自己独特的味道，但是细微之处的差别，往往被大快朵颐的食客们忽略。如果说芝麻酱和韭花酱是老北京涮肉的经典搭配，那么吃潮汕牛肉火锅，除了沙茶酱，一定还有普宁豆酱。直到现在，资深老饕们仍然坚持，潮汕牛肉火锅吃的是牛肉本味，沙茶酱只能用来蘸牛肉丸，因为沙茶的强烈香味会掩盖牛肉本身的鲜甜。如果一定要蘸酱，可以稍加一点咸鲜的普宁豆酱，这样才能更好地衬托牛肉的味道。

不过沙茶酱的拥趸们早已百无禁忌。清汤锅里烫熟的脖仁、吊龙、肥胼、三花趾、五花趾，捞出后蘸上沙茶酱，也可以再搭配一点普宁豆酱，复合味道带来的口感，简直奇妙到难以言喻。吃火锅，为的就是这一口酣畅淋漓。

崇尚至清至鲜的潮汕饮食，就像一副泼墨的写意山水，有了沙茶酱，就为这幅山水画增添了斑斓的色彩。

川渝火锅蘸料：可油可醋可辣椒

成都火锅讲究香辣，重庆火锅讲究麻辣，归根结底，川渝火锅都离不开“辣”字。虽然对于火锅汤底，川渝各有见地，但是对于蘸料，两地意见却出奇的一致。

川渝火锅店的基础蘸料，当属“香油+蒜泥”。蒜瓣碾磨到黏稠细腻，

火锅蘸料

倒入香油，贴心的店家还会提供香菜末和香葱末供食客们选择。简简单单，川渝火锅的基础款蘸料就这样做好了，无须纠结蒜的产地或者香油的品牌。香油降低了辣味的冲击，蒜泥又可以稍微消解肉食的油腻，再加上香菜末和香葱末的清香，又让辣味得到一次缓冲，入口的毛肚似乎也变得更加鲜脆。

如果不想被蒜味困扰，还可以尝试“香油+生抽+白醋”，一点生抽，就能提鲜，而白醋比蒜泥更加解腻。

川渝火锅老饕们，还会示范一种更加经典的吃法：香油+蒜泥+蚝油+白糖+白醋。这种搭配几乎适用于川渝火锅的所有食材，可以说是“百蘸不厌”。

当然还有对以上几种蘸料都不屑一顾的食客，他们总会忽视周边那些已经辣得不顾形象的人们，然后淡定地在香油、蒜泥里加上切成段儿的小米椒，从牛油锅里捞出一片毛肚，在香油蒜泥小米椒里一蘸，吃得眉头舒展，一脸的心满意足。

一统江湖的万能蘸料

贵州境内九成以上地域是山地丘陵，再加上八大交错纵横的水系，不仅形成了当地丰富多变的口音，也造就了各处丰富多变的美食。然而，即使贵州各地美食特立独行，总有一样能让它们都离不开，那就是“蘸水”。

辣椒铺底，配上葱花、姜末，加点酱油和盐，最后浇上一勺滚烫的汤汁，一碗蘸水大功告成。听上去虽然简单，但是辣椒和汤汁的不同，又衍生出蘸水不同的风味，不同风味又用来搭配不同食材，所以贵州饭桌上经常会同时出现几种蘸水。

巧合的是，无论是在北京、潮汕，还是在川渝、贵州，或者海南，有一种火锅蘸料的调法，可以用“不约而同”来形容，那就是蚝油加香油，再加一点醋，再配点蒜泥和葱末。喜欢吃香菜的，还可以再加一点香菜。

就在各地火锅以不同锅底和食材各自大放异彩之时，这个蘸料组合，却以“万能蘸料”的姿态，默默调和着南北方不同口味。山头林立的火锅江湖，竟然被蚝油、香油、醋和蒜泥、葱末“一统江湖”。或许唯一值得欣慰的是，醋也分很多种，有人喜欢用白醋，有人用香醋，有人独爱老陈醋，总算让这个“万能蘸料”有了一些差别。

无论火锅的品种、口感如何变化，蘸料是所有火锅的标配。可以这么说，没有蘸料的火锅，只能叫“炖菜”。

第四章

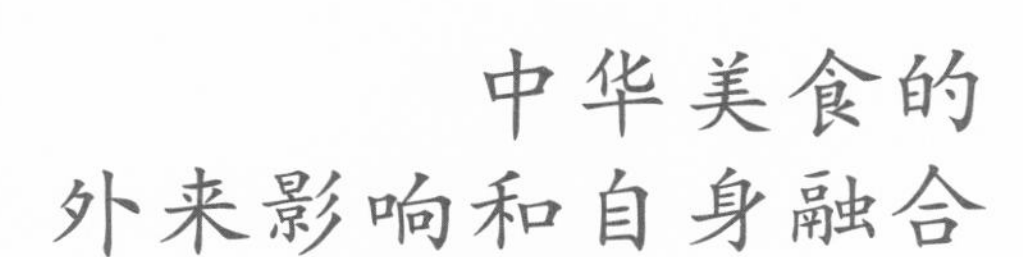

中华美食的外来影响和自身融合

丝绸之路打通之后，中国的茶叶和瓷器成了这条通道的大宗交易货物，而外国的特产也源源不断地被引入到中国。如今很多中国人餐桌上司空见惯的食材，都是从丝绸之路传入的。比如菠菜、胡萝卜、茄子、芫荽、大蒜、黄瓜、胡葱、莴苣、苜蓿、豌豆、蚕豆、石榴、葡萄、西瓜、核桃等。

不过要说对中国饮食影响最深远的，当属辣椒和胡椒。自从有了这两样调味料，深深浅浅的辣，成了许多中国人无法抗拒的味道。

火锅　中国的美食符号

PART 01
丝绸之路对中国饮食的影响

丝绸之路横贯了欧亚非大陆的交通，不仅具有非凡的政治、经济、文化交流的战略意义，也成为古老的中国认知西方世界不可替代的重要窗口与途径。

丝绸之路的真正开辟，是在汉武帝建元二年（前139年）。25岁的张骞带着100多名随行人员出使西域。张骞两次出使西域，打开了中国与中亚、西亚、南亚，以及通往欧洲的陆路交通，对东西方的历史具有深远的意义。牛津大学拜占庭研究中心主任彼得·弗兰科潘认为：丝绸之路远不止是一条连接东西方的贸易道路，而是贯穿推动两千年人类文明历程和世界史的伟大道路，“丝绸之路并不处在世界的边缘，恰恰相反，它一直是世界的中心，而且它还将持续影响当下的世界”。

郫县豆瓣的主原料蚕豆，原产于亚洲西南部和非洲北部。张骞第一次出使西域，被匈奴扣押10年之后逃出，在回来的路上仍然不忘与西域诸国联系，带回了汗血马、黄瓜、葡萄、苜蓿、石榴、胡麻、蚕豆和胡桃（核桃）。

从西域引进的农产品，在古代中国一般会用“胡”“番”开头，通过名称就知道是不是外来物种，比如番茄、番薯、胡萝卜。“胡”一般都是汉代传入的，“番”大多是明代传入的。如蚕豆曾一度叫“胡豆”，但是因为豆子外形太可爱，豆荚状如老蚕，所以蚕豆这个名字流传得更广。蚕豆引入后，在我国多个省份都有种植，至今已有2000多年的种植历史。

大蒜和香菜，也是中国菜肴里经常用到的两种调味品。大蒜又名胡蒜，香菜又叫胡荽、芫荽。张骞出使西域带回来的这些土特产，原本的名字都带个“胡”，就连黄瓜原来也叫“胡瓜”，芝麻原来也叫“胡麻”。胡椒就更不用说了，名字一直用到现在，吃法还被细分为黑胡椒和白胡椒。

蔬菜类，像茄子、扁豆、菠菜、胡萝卜、莴苣、丝瓜、甘蓝；水果类除了葡萄、石榴，还有椰枣、菠萝蜜、开心果，以及夏日必备的西瓜，这些全部都是经由丝绸之路传入中国的，也深刻影响了中国人的饮食。

除了陆上丝绸之路，还有另外一条联通中外的海上贸易通道，被称为“海上丝绸之路”。海上丝路萌芽于商周，发展于春秋战国，形成于秦汉，兴于唐宋，转变于明清，是已知最为古老的海上航线。海上丝绸之路进口

辣椒晒场

了大量的香料、药材、金银珠贝，还有一个现在中国美食烹饪中很重要的调味品——辣椒。

中国菜肴有公认的八大菜系，其中川菜麻辣、湘菜香辣、徽菜鲜辣。八大菜系之外，中国嗜辣的省份有很多，比如贵州的酸辣、江西的咸辣。但是辣椒传入中国，其实也不过400年。明代万历年间，辣椒由海上丝绸之路传入中国，最早叫番椒，而且一开始只是作为观赏植物，没有用于食用。等到人们发现辣椒可以代替盐，辣椒就变得异常重要起来。毕竟在官盐垄断的时代，盐也曾一度是奢侈品。

丝绸之路，不仅是贸易之路，也是美食传播之路。

PART 02
人口流动带来的饮食大融合

中国历史上有很多独特的现象，比如频繁的改朝换代，频繁的治乱循环，频繁的农民起义。尽管经历了频繁动荡，可是新的时代还是会传承和发展着古老的文明。同时，这些频繁动荡也导致了一个不可避免的后果，就是人口数量的大起大落。

在中国历史上，因为战乱而导致人口剧变的四川省在南宋时期经济已非常繁荣。以一家一户为单位，总数有259万户。而历经宋元更迭，到元朝建立19年后的1290年统计数据显示，四川户数不超过9万余户，印证了当时的文献记载，“蜀人受祸惨甚，死伤殆尽，千百不存一二”。好不容易用了将近400年恢复元气，到了明清易代的时候，四川又遭遇了多重灭顶之灾，先后经历了张献忠屠蜀、饥荒、瘟疫、虎灾等灾难。当时的虎灾已经严重到“遍地皆虎”。到清顺治七年（1645年），四川的顺天府南充竟然只剩了100多户人。清康熙四年（1658年），四川境内人口已经从崇祯三年（1630年）的735万到仅剩18090丁（丁，指壮年男子）。剩下不到两万的壮年男子，老幼妇孺没有统计在内。

在这样的背景下，就有了著名的“湖广填四川”的“移民工程”。因为当时清政府给的移民政策实在是太诱人了，入川后开垦的荒地，属于开荒

莲花血鸭

者，而且5年内不征税，滋生人口，永不加赋。在上百万的移民中，来自湖广行省的占了绝大多数。湖广行省包括今天的湖北、湖南、广东、广西的北部、贵州的一部分。湖广填川从康熙初年开始，一直延续到了乾隆后期，四川盆地实际人口突破了1000万，恢复了宋代以来人口繁盛的局面，也基本重构了四川的人口、语言和文化风俗，尤其是饮食习惯。

湖广移民把辣椒带入了四川，四川本地又有上千年食用花椒的历史，于是一辣一麻相结合，就形成了让人欲罢不能“麻辣”口味。川菜的灵魂“郫县豆瓣”，也是福建移民陈益兼在奔赴四川的途中无意间发明的。在唐宋之前，川菜的特点是甜和麻。

中国历史上与“湖广填四川”齐名的大移民是明代初年的“江西填湖广”。江西从北宋时起就是全国人口第二大省，到了宋徽宗时代，超越浙江成为第一，并且以人口第一的优势保持了很久。但是江西多山，只有北部的鄱阳湖地区有较多平原，适宜耕种。耕地不足的江西养不活数量庞大的人口，因此地广人稀、土地富余的湖广，在南宋时期成为江西移民的首选。再后来，时局不稳、战乱频仍，导致湖广人口数量剧减，于是有更多的江西人主动或者被动地迁入湖广地区。明朝初年，明政府为了鼓励各地移民到湖广，也给予了很多优惠政策，不但不用交税，政府还会给一定的奖励。“十大赣菜”之一的莲花血鸭，就这样随着移民潮传到了湖南永州、广西全州和宁远，出现了永州血鸭、全州血鸭、宁远血鸭等做法。到现在，湖南人见到江西人，还会亲切地称呼“江西老表”。

除了这两次大移民，中国历史上重要的人口流动还有迁都和军屯民屯。1138年，南宋从河南应天府（今商丘）迁都浙江临安府（今杭州）。直

✕ 小笼包

ⅹ 过桥米线

到今天，从豫菜改良而来的“宋嫂鱼羹”和“西湖醋鱼”仍然是杭帮菜里的扛把子。杭州作为南方城市，却全城都酷爱北方小吃“小笼包”，尤其是猪皮冻剁碎与馅料混合，皮冻遇热化为汁水，使得杭州小笼包汤汁丰盈、口感浓郁。这种做法正是河南开封小笼包的古老制作工艺。

1421年，明成祖朱棣把都城从南京迁到了今天的北京。随之迁来的，还有“金陵片皮鸭”。之后，“金陵片皮鸭”发展出了“北京烤鸭”这样一道世界名菜，并成就了便宜坊和全聚德两大餐饮品牌。便宜坊延续了金陵片皮鸭的焖炉做法，而全聚德则创新出了挂炉做法。到今天，说起烤鸭，大多数人的第一反应就是“北京烤鸭”。

至于军屯和民屯，2000年前就已经开始了。公元前127年，西汉夺取了河套地区，就是现在的内蒙古和宁夏的一部分。这里水草丰美，故有民谚“黄河百害，唯富一套”。汉武帝倾举国之力，重新修缮了长城要塞，修筑了朔方、五原两座城。数十万中原百姓迁居至此，河套草原也重现生机，成为汉朝北方边境的繁华之地。但是，随着后来河套的自然环境逐渐恶化，加上中原政权与匈奴、蒙古政权的交替占领，河套到明朝末年也已经逐渐没落。

明朝时期，朱元璋为了巩固明王朝在西南的统治，在云南军事要塞屯军。饭笼驿就是通往云南的其中一个咽喉要塞，当时很多江浙籍的军人奉命永久居住在这里。如今的云南保山方言还有个别称“小京腔”，这个“京”，指的就是南京。而云南名吃“过桥米线”拥有“清、浓、爽、鲜”的高汤特色，与本地土著饮食大相径庭，却与千里之外的苏州面馆不谋而合。这一切，也是军屯的历史痕迹。

人有两样东西最难改变，乡音和口味。即使历经千年，乡音和口味仍然如同文化的活化石流传了下来。

PART 03
世界各地火锅大观

寒风凛冽的季节，约一群好友，围坐在热炉旁边，桌上火锅热气腾腾，屋里众人笑语欢声，这样的氛围着实令人向往。烹制方式可繁可简，食材可以就地取材，水开就涮，蘸料随意，简直再也找不到比火锅更不会失手的料理了。于是在世界各地，就有了不同特色的火锅吃法。

在亚洲，火锅是最具特色的饮食之一，荤素杂糅，五味俱全。只有一点，不管在亚洲的哪个地方，火锅一定都是咸的。出了亚洲，有可能吃到不同口味的火锅。

印度也吃火锅，而且是印度特色的咖喱火锅。用印度本地特产的咖喱、番叶、椰子粉和香料，锅底用米粉浸汁，可以涮鸡肉、牛肉、鱼头、大虾，同样是辣，但是咖喱的辣味对于中国人来说，实在是新鲜别致，格外刺激。

日本除了寿喜锅，还有一种特色的“纸火锅”，这种纸是日本的一种特殊工艺纸，防水、防热、防高温，不怕明火也不怕烧，能反复使用。纸火锅的好处，是能让食物最大限度地保持原有的鲜味，不用担心金属或者陶制食器干扰了味道。寿喜锅的特色是配着温泉蛋来吃，原汁原味的蘸料，真是别具风味。

※ 韩式火锅

韩国的部队火锅，据说源于朝鲜战争时期。由于物资短缺，居民把能找到的食材都混在一起煮，没想到香肠、火腿和泡菜竟然组合出了特殊美味，于是这种大杂烩的吃法就流传了下来。韩国的部队火锅其实更像上海的什锦锅、腾冲的土锅子，都是食材摆好了再开始煮，所以一锅成品非常有卖相。

出了亚洲，就有机会吃到甜火锅了。奶酪火锅是瑞士最负盛名的美食。瓷锅里倒入葡萄酒，煮沸后加奶酪熬成浓汤。长柄叉子叉起小块法棍面包，蘸着香浓的奶酪。如果觉得不过瘾，还可以试试瑞士的巧克力火锅。用温火把捣碎的巧克力融化，加入少量甜酒、奶油，一起熬成巧克力汁，想吃什么就用长柄叉子叉上，蘸着巧克力汁就可以吃了。不过巧克力火锅一般是用来搭配水果的。

对于全球各地的火锅拥趸们来说，世上没什么是一顿火锅不能解决的。如果有，那就两顿。

第五章

民以食为天

中国有句古话：民以食为天。这句话几乎说透了中国人最单纯的信仰。“吃什么”和“怎么吃”，对中国人来说是永恒的话题，也是永无止境的追求。

火锅　中国的美食符号

PART 01
关于“吃”的信仰

吃什么，这是一个关乎信仰的问题。

中国饮食的食材丰富，并不是因为中国人对吃这件事有多么好奇，而是因为中国实在很大，几乎包含了世界上所有地形地貌，丰富的地貌特征，也带来了丰富的物产资源，这为食材的选择提供了更多的可能。

中国近两千年占统治地位的主流思想是儒家文化，儒家坚定地秉持关注此身此时此生的信念，除了某些特殊仪式时期有饮食禁忌，其他时间并无严格戒律。儒家除了反对暴饮暴食，提倡饮食节制有度，讲究饮食礼仪，对于食材并没有什么特别要求。

中国饮食食材丰富的另外一个原因，就像中国现代著名学者林语堂（1895—1976年）总结的那样：“我们的人口太紧密，而饥荒太普遍，致令我们不得不吃手指能夹持的任何东西”。中国曾长期苦于食物短缺，又因为没有太多饮食禁忌，所以中国菜获得了远比其他菜系更为丰富多样的食材来源。

美国作家尤金·N·安德森在《中国食物》一书中说：“相对较少的饮食禁忌，使中国人取得了举世无双的成就：无与伦比地维持社会平衡，长期养活世界上最多的人口。”

《史记》里更是明确地说，“王者以民人为天，而民人以食为天。”这句话流传到现在，就简化成了“民以食为天”。这句话里面也包含着很朴素的道理：先让人民吃饱饭，然后再来谈其他。马斯洛的需求层次理论中，最底层的是“生理需求”，与“民以食为天”的理念不谋而合。农耕社会里把江山称作“社稷”，社为土神，稷为谷神，土地和谷子是农业社会最重要的根基，古代帝王每年都要到郊外祭祀土神和谷神，所以社稷也被用来借指国家。江山社稷的深层意思，就是对于一个国家来说，让人民吃饱饭才是首要任务，解决民生大计也是统治阶层最基本的任务。所以历朝历代被后世传颂的君王都是能让人民安居乐业、国富民强的君王，那些穷兵黩武的君王即使建功立业，也是有所缺失的。

在中国，就连吃饭的工具——筷子，也包含着诸多理念。筷子的标准尺寸是七寸六分，代表人有七情六欲；筷子用起来的时候总是一动一静，

吃什么，对中国人来说是关乎信仰的大事

暗含了太极为一、阴阳为二，一分为二、合二为一，这样朴素的哲学观。

在中国有一句成语叫“破釜沉舟”，说的是公元前208年，项羽抗击秦军的时候，带领部队渡过漳河，让士兵们饱餐一顿之后，又让每位士兵带足了三天的干粮，然后下令“皆沉船，破釜甑”，意思就是把船凿穿沉河，把做饭用的锅砸了个粉碎。项羽用这样的办法来激励大家，这一战有进无退，一定要取得胜利。果然，没有退路的将士们以一当十，大破秦军，这就是中国历史上著名的以少胜多的战役——巨鹿之战。

这个词传到了民间，于是就有了另外一种说法——“砸锅卖铁”。这个词也经常用来表示不给自己留后路，把能拿的所有东西都拿出来，代表着豁出一切的决心，这也是“民以食为天”的另一个力证了。

中国人崇尚节俭，中国菜里总能见到各种在外国人看来无法理解的食材，最常见的就是动物内脏。牛的心、舌、胃，在成都做成了“夫妻肺片”；牛肚、鸭肠在重庆涮进了火锅；羊的内脏做成了北方常见的羊杂汤；猪肾成了美味的爆炒腰花；猪肠成了鲁菜里有名的“九转大肠”；山东潍坊的朝天锅主要食材就是各种猪内脏。就连鱼鳔，晒干后也有了好听的名字——花胶，成为筵席上的名菜。

在吃这方面，中国人从不避讳对食材的爱惜。人们见面会用“吃了么”打招呼，游子们最盼望的就是能吃到最地道的家乡菜。也许不止在中国，世界各地都一样，说到底，吃什么，是一种文化认可，是信仰，也是乡愁。

× 黑米炖花胶

PART 02
八大菜系各有讲究

中国的饮食文化虽然已经有上千年的历史，但是“八大菜系”的说法，却是最近200年的事。

八大菜系是由历代宫廷菜、官府菜及各地方菜组成，主体是各地的特色风味菜。因为气候、地形、历史、物产以及饮食风俗各有不同，自古中国南北饮食就有差异。在上千年的人口流动中，南北饮食文化也在不断的融合中衍生发展出各自的特色，最终人们以“八大菜系”来代表多达数万种的各地风味菜。

八大菜系，是按照地域把中国菜划分为鲁菜、川菜、粤菜、浙菜、湘菜、苏菜、闽菜、徽菜。既然分了派系，难免总被人拿来争高下。八大菜系之首到底是谁，一直以来也是争论不休，大家都各有各的看法。经常能看到鲁菜、川菜、粤菜这三个菜系其中一个被推为榜首，偶尔也有人说徽菜、浙菜才是正宗榜首。正应了那句话，“文无第一，武无第二”，更何况美食本来就是众口难调，所以“榜首”的依据到底是什么？

鲁菜：几乎影响了整个北方

“若把代表中国正统文化的，譬之于西方的希腊般，则在中国首先要推山东人。”历史学者钱穆的这段话，是从文化角度来说明山东的影响力。在饮食方面，这段话也同样适用。

如果以历史久远程度来论，鲁菜是当之无愧的第一。鲁菜的起源可以追溯到春秋时期，经过秦汉时期的发展，到南北朝时趋于成熟，唐宋年间，鲁菜的烹饪技法已经达到了极高的水准。明清时期，鲁菜中的大量菜品进入宫廷，一度成为整个北方菜的代表。

鲁菜，从原料到烹饪手法，全都源自本土且自成一体，也是历史最悠久、技法最丰富、最见功力的菜系。鲁菜出现很久之后，其他菜系才陆续出现，而且手法多是在鲁菜的基础上演变而成。厨师界有一种说法：“三年川菜，十年鲁菜”，意思是培养一个川菜师傅需要三年，但是培养鲁菜师傅，没有十年出不了师。因为正宗鲁菜不仅食材讲究，而且做法很精致。

山东是个半岛，地形包括了山地、丘陵、台地、盆地、平原、湖泊等多种类型，所以海鲜、湖鲜、河鲜，以及各种农产品都很丰富，即使到了现在，山东仍然是中国粮食、蔬菜、海产品的重要产区。因为物产极其丰富，所以在八大菜系里，唯有鲁菜的食材选料异常均衡：果蔬、禽畜、海鲜、淡水河鲜、山菌、干制珍品等每个类别的入菜频率都在15%—18%间。鲁菜可以选择的食材众多，每一种食材烹饪手法又不同，因此也激发了鲁菜烹饪技法的丰富多样。

经过长期的演变发展，鲁菜形成了以海产为主的胶东菜，以汤菜、爆菜、素菜为代表的济南菜，以及华丽精致的孔府菜。

人们对鲁菜的印象，总是刻板地停留在“浓油赤酱”，具体的口味就是汁浓、味厚、色艳、油多、糖重。其实浓油赤酱更能代表上海本帮菜的特色，却不是鲁菜的特色。严格来说，“浓油赤酱”只是鲁菜50种烹饪技法中的几种技法下所呈现的卖相，并不能用来概括所有的鲁菜。比如焦熘丸子，丸子要炸到酥脆，酱汁要调得酸甜；酱爆鸡丁，传承自鲁菜，如今是北京的传统特色菜，与宫保鸡丁一北一南，酱爆鸡丁咸甜酱香，宫保鸡丁荔枝甜辣，二者几乎成了鸡丁界的烹饪天花板。这几样菜品，都呈现了浓油赤酱的卖相，却不能代表所有的鲁菜。

鲁菜里有很多不是浓油赤酱的菜，比如济南菜，讲究清香鲜嫩，汤菜清鲜爽口，流传最广的就是奶汤蒲菜。济南菜里的分支泰素菜，由于泰安地区寺庙众多，所以素菜兴盛，同样是色调淡雅、口味清鲜。泰素菜最常见的泉水豆腐，卖相朴实无华，一口咬开，唇齿间都是清新的豆香，配上三样专用蘸料，能吃出三种不同味道。

特别值得一提的孔府菜，如今已经是国家级非遗美食。孔府菜里有一道乾隆御赐的“当朝一品锅”，用到的食材都是上八珍，食材之名贵，种类之丰富，堪比佛跳墙，只是没有佛跳墙那么繁琐的制作工艺。

葱姜蒜爆锅，是很多鲁菜菜品的特色，不过令人印象深刻的，还是山东人生吃大葱的派头。葱烧海参里的两段葱白只是点缀，为了与黑色的海参相呼应。而大葱蘸酱里的生葱，绝对是主角。不知道是不是因为葱的产量大，物美价廉容易购买，山东人在冬天囤大葱，就像北京人在冬天囤大白菜一样。鲁菜里用到大葱的地方很多，比如葱油鲤鱼，鱼身铺满了一层葱丝。用葱丝、葱花调味的菜就更多了，但是最过瘾的，还是蘸酱生吃。山东人生吃大葱名声在外，以至于成为鉴定是不是纯正山东人的隐性标准。不敢生吃大葱的，至少不是在山东土生土长的人。就像不敢吃辣就会被人质疑不是四川人、重庆人、湖南人、江西人、贵州人。

八大菜系里除了鲁菜，其他都是南方菜，这也是因为北方其他地区深受鲁菜影响，成为鲁菜的衍生分支，所以鲁菜一个派系就可以代表大部分的北方菜。一个压轴的北方菜系，七个各有特色的南方菜系，这就像民间的另一个说法：江南多山多水多才子，齐鲁一山一水一圣人。山，是指五岳之首的泰山；圣人，就是孔子；水有两种解释，一说是黄河，也有说是“天下第一泉”的济南趵突泉。

鲁菜精于各类食材的巧妙搭配，善用葱姜蒜炝锅起味，调和糖醋酱，平衡口感，掌控火候温度，确保色泽与味道俱全，把传统的“五行阴阳”落实到了“五味调和”。鲁菜甚至影响了中国文化，因为鲁菜里的“爆炒”需要精准地控制火力，所以直到现在，中国人还是喜欢用“火候”来比喻时机，或者程度的深浅。

九转大肠

鲁菜以咸鲜为主，无论是胶东派的海味鲜香，还是济南派的陆路厚味，都深受北方人民的青睐。早年老北京城的八大楼、八大居等老酒楼主打的都是正宗鲁菜。鲁菜里的代表菜有一品豆腐、葱烧海参、三丝鱼翅、白扒四宝、爆炒腰花、糖醋鲤鱼、九转大肠、芙蓉鸡片、汤爆双脆、油焖大虾、木须肉等，实在太多了。虽然很少有饭店主打鲁菜招牌，但是鲁菜其实早已“大隐隐于市”，影响了整个北方的菜系，也影响了很多家常菜。

川菜：博采众长，突破圈层

自从都江堰修建成功之后，成都平原就变成了水旱从人、沃野千里的“天府之国”，2000多年来一直都是西南的重要粮仓。巴蜀之地，“山林泽鱼，园囿瓜果”“土植五谷、牲具六畜”，物资极其丰富。

几次大规模的移民入川，又把中原地区的先进文化和生产技术带入了四川，促进了西南地区生产力的大发展。成都与古都长安距离不远，关系极为密切，成都又是中国最早的茶叶市场，西北游牧部落和中原地区都要千里迢迢地奔赴成都大宗采购茶叶。人口流动频繁，商业极其发达，物资又丰富，巴蜀之地逐渐就有了自己的饮食特色。到了清朝末年，成都有文字记载的小吃就已经达到了1320种，甚至已经有了西餐馆。

抗战时期，政商名流汇聚重庆，与之相伴而来的，就是天下名厨。在这一时期，“地无分南北，味无分东西”，川菜在各地名厨的技艺交流中不断融合，最终奠定了如今川菜的底蕴。一部川菜史，就是一部四川移民史。

把川菜等同于“麻辣”，就像把鲁菜等同于“浓油赤酱”，都是以偏概全的看法。川菜既有能上得了国宴的“开水白菜”，也有“肥肠头头夹锅盔”这样的小吃。大部分川菜起点不高，不管是上河帮、下河帮，还是小河帮，都是从底层口味突破圈层，从一开始就走的亲民路线，用普通的食材，做出百变的口味。川菜基本的复合味型就有20多种，麻辣只是其中的一种。川菜厨师擅长根据不同地方的口味调整出适应当地的菜，所以川菜总能很好地融合各地口味，也就衍生出了更多味型。

成都简称“蓉”，以川西成都、眉山乐山为中心区域的上河帮，也被称为川菜里的“蓉派”菜系。成都作为千年古都，坐拥都江堰的便利，又一直是四川的政治中心，所以蓉派集中了川菜中的宫廷菜、官家菜、公馆菜，讲究用料精准，严格以传统经典菜谱为准，味道温和，精致细腻，绵香悠长。川菜中的高档精品菜几乎都集中在上河帮蓉派，菜品也都颇具典故。

开水白菜，就是蓉派的经典，也是川菜的十大名菜之一。看似平平无奇，无非是清汤里面的几片菜心。可是这极简的背后，却是极其繁复的吊汤工艺。所谓“开水”，是用老母鸡、老母鸭、火腿蹄、排骨、干贝等原料加足清水、姜、葱，烧开吊制至少4小时，再用鸡胸脯肉剁成肉茸，倒入锅中吸附杂质。反复吸附两三次后，锅里的汤就开始呈现开水般的清冽。白菜只取尚未熟透的东北大白菜当中发黄的嫩心，用已经熬制好的“开水”清汤淋浇烫熟，再把烫好的白菜垫入碗底，倒入新鲜的清汤。打开碗盖，看上去汤的颜色清亮似开水，可是味道十分浓厚且清鲜，丝毫不油腻。川菜的开水白菜，和鲁菜里的乌鱼蛋汤一样，都是国宴上的常备菜品。

上河帮菜还有一个重要系列，就是小吃。川菜小吃是以上河帮小吃为主，如四川泡菜系列、凉粉系列、豆花系列、面食系列等。夫妻肺片、红油抄手、樟茶鸭、怪味兔头、棒棒鸡、老妈蹄花等小吃都是上河帮的经典传承。

✕ 开水白菜

川南的沱江流域，由自贡盐帮菜、内江糖帮菜、泸州河鲜菜、宜宾三江菜共同组成了川菜的小河帮派系，其中又以盐帮菜的名气最大。以盐帮菜为代表的小河帮菜，集大气、怪异、高端于一体，以“味厚香浓、辣鲜刺激”为鲜明特色，在川菜中独树一帜，也是川菜三个支流中最辣的一派。其中最为著名的水煮技法，由小河帮发起，经由下河帮川菜发扬光大，成就了水煮鱼、水煮肉片等水煮系列精品川菜。

小河帮的火锅发挥了重辣的特点，火锅有鲜锅兔火锅，同时发明了冷吃做法，如冷锅鱼，在引入到成都后，经由这个饮食重地深度传播，变成了一个非常流行的新吃法。

下河帮以重庆、达州、南充为中心，菜品大方粗犷，以花样翻新迅速、用料大胆、不拘泥于材料著称，俗称江湖菜。代表菜有麻辣火锅、酸菜鱼、毛血旺、口水鸡、干菜炖烧系列（多以干豇豆为主）、水煮肉片和水煮鱼为代表的水煮系列、辣子鸡、辣子田螺、豆瓣虾、香辣贝和辣子肥肠为代表的辣子系列、泉水鸡、烧鸡公、芋儿鸡和啤酒鸭为代表的干烧系列。

以重庆菜为代表的渝派川菜，是不少川菜馆的主要菜品。这一点，就像重庆火锅几乎代表了川渝火锅一样。

川菜绝不是仅有麻辣，但是热爱川菜的人们，更喜爱的却是那一口麻辣鲜香，从此再也难以吃下清淡的食物。

湘菜：越来越“香辣”

同样是辣，但是相比川菜，湘菜辣得更加霸道，剁椒鱼头是湘菜的代表，除了葱姜调味，剩下的全都是剁椒，端上来就是红彤彤一盘，想吃到鱼头，需要先用筷子拨开那一层剁椒。

不像川菜有那么多种味型，湘菜的辣比较纯粹，就是香辣，这也是很多人对湘菜的印象。可真相却是，在40年前，湘菜还没有这么辣。那时的湘楚名菜大多都是清淡的菜式，代表菜品如鸭掌汤泡肚、莲蓬虾蓉、芙蓉鸽松，都是湘菜里的宴席名菜。其中莲蓬虾蓉看上去好像是蒸莲蓬，实际上是虾蓉放进小酒杯做成莲蓬的形状，再放上莲子蒸熟，熟了之后，就有了莲蓬的样子，最后浇上鸡油鸡汤，清淡鲜香的莲蓬虾蓉就可以上席了。精致又清口，完全没有如今湘菜的霸道，反倒更像小清新的淮扬菜。

湘菜里还有摆盘精致的“孔雀开屏”“凤凰展翅”，也是好看、好吃又清

剁椒鱼头

淡。湘菜也曾经不乏各种高端食材，鲍参翅肚也曾经常出现在湘菜中。那湘菜是从什么时候开始变得这么接地气的呢?

近30年来，中国餐饮竞争非常激烈，八大菜系都想有自己鲜明的符号。然而湘菜论精致很难媲美淮扬菜，论食材丰富也无法对比粤菜。要想迅速抓住食客的味蕾，要想在商业化的市场环境里存活，只有用更鲜明的味道，和更加简单易复制的烹饪手法才能取胜。于是就有了如今“香辣炒一切”的湘菜。像剁椒鱼头这道菜，无论是视觉冲击，还是味觉冲击，都让人难以忘记，只要吃过一次，那种辣到满头大汗、灵魂出窍的感觉，让人从此就对湘菜有了敬畏之心。

其实湘菜像川菜一样，有很多的特色小吃。单从美食云集的角度来说，湖南长沙丝毫不逊色四川成都。长沙有随处可见的干锅和臭豆腐，还有各种特色米粉。如果喜欢甜食，可以去尝试油糖粑粑和油糖坨坨，名字十分接地气，像糖葫芦串一样，入口软软糯糯，糯米香气四溢。

长沙人嗜粉如命，在长沙，一天有50万斤粉被吃掉。长沙人一天三顿都可以只吃米粉，就连下午茶和宵夜，也可以是米粉。米粉，就是长沙人生活的底色。虽然全国各地都能吃到米粉，但是长沙米粉，口感格外软糯。这是因为在湘江水的灌溉之下，湖南的水稻做成的米粉格外清甜且有韧性。湖南米粉从原料上就已经无可替代，以至于外地稍微讲究一点的米粉店，都会选择从湖南运粉。

长沙米粉的码料就是一个微缩版的湘菜世界，豆豉辣酱蒸肉、干豆角蒸肉、雪里蕻等等，除了剁椒鱼头不能直接放在米粉上，其他能想到的家常湘菜，全都可以作为码料。如果想嗦到更加重口味的粉，还可以去湖南常德，那里的粉重油、重辣，而且更多使用牛油，一碗下肚，辣得大汗淋漓十分过瘾。

宵夜也是湘菜的重要组成部分。炖汤、热卤、猪油拌粉，微凉或者入冬的夜，最能熨帖食客的胃和心。热卤有点像麻辣烫，牛肉、猪耳、脆骨、韭菜等食材在特制的卤水锅里煮5分钟，出锅拌上秘制辣椒油。这种热卤四合一对于长沙人来说，正如夫妻肺片对于成都人一样，那是家乡的味道。

不管是川菜的麻辣，还是湘菜的香辣，人们一旦适应了“辣”这种口感，就再也难以吃下清淡的食物。于是不管是川菜还是湘菜，都只能用更重的口味来迎合市场。湘菜的“香辣”终于成为越来越鲜明的符号，那些曾经繁复精致又清淡鲜香的湘菜，在岁月的洗礼下最终变得越来越面目模糊，没有多少人还记得了。

江西人也吃辣，赣菜辣得十分耿直，除了瓦罐汤不辣，其他菜几乎都要加辣椒，江西人吃辣，是从早上嗦粉开始。赣菜的辣，完全就是干辣，不带任何花里胡哨，就连锅贴和饺子都默认馅里是放辣椒的，辣得人毫无防备。如此耿直的辣，却意外低调，说到中国最能吃辣的地方，人们第一个想起来的往往是四川，然后湖南，贵州因为有老干妈所以也广为人知。可是江西，却总是被遗忘。

徽菜：随徽商走遍全国，曾是八大菜系之首

徽菜最辉煌的时刻，可以追溯到乾隆年间。乾隆下江南时，客居江苏扬州的徽商巨富江春“一夜堆盐造白塔，徽菜接驾乾隆帝”。江春的豪绰之举为徽商挣足了面子，也让徽菜名声大噪。

徽商史称“新安大贾”，起于东晋，达于唐宋，明清时期进入黄金时代，以人数之多、活动范围之广、资本之雄厚，成为当时商团之首，称雄中国商界500余年。富甲天下的徽商走南闯北仍然最爱家乡的口味，于是徽菜也就随着徽商的足迹，遍布了全国各地。明清时期，徽菜在扬州、上海、武汉盛极一时。

徽商的兴旺，也促成了名目繁多的风俗礼仪，各种礼仪都少不了大摆筵席。至今在古徽州所属地，仍然有“六碗六”“八碗八”的说法，意思就是六碗大菜加六碟小菜。这样的筵席完全不同于陕北地区的面食流水席，每种礼仪配什么筵席，都是有讲究的，至今绩溪一带办红白公事还要十分规矩的上“九碗六”和“十碗八”。其中的八小碟，通常是卤猪肝、花生、瓜子、桂花肉、腌蕨菜、卤猪舌、干笋丝、小排骨。八小碟里的六样荤菜

臭鳜鱼

可以随着季节变化，这些讲究也促成了徽菜的发展。

臭鳜鱼是徽菜中的名菜，正因为名声在外，所以形成了徽菜的刻板印象，加上黄山毛豆腐、绩溪火腿等徽菜的盛名，有时会让人误以为徽菜里的腌制菜品是主流。腌制菜品是徽菜的一个重要分支，却不是主要特色。这一点，就像川菜里也有大量不辣的菜品一样。

徽菜源自徽州，古徽州四面环山，其中最著名的就是黄山。徽州有山谷、盆地、平原，山灵水秀，长江、淮河、巢湖又是中国淡水鱼的重要产区，天时地利，为徽菜提供了丰富的山珍野味河鲜家禽。徽菜擅长就地取材，尤其以烧、炖、熏、蒸的菜品闻名。至今仍令人耳熟能详的徽菜，比如雪冬烧山鸡、奶汁肥王鱼、火腿炖甲鱼、黄山炖鸽等，都是以山珍、河鲜、湖鲜为主，以火候见长。徽菜的总体风格，就是清雅纯朴、原汁原味、酥嫩香鲜，同时菜式多样，善用火工，很多菜品都是文武火交替使用，骨酥肉脱仍然能够保持外形不变，可见烹饪技艺的高超。

徽菜在发展过程中，继承和弘扬了中医“医食同源，药食并重”的传统，十分讲究食补和养生。徽州医学发达，仅明清两代就有七百多位中医学家，由他们研发的药膳，也成为徽菜的一部分，流传至今的有枸杞子炖乌骨鸡、冰糖炖百合、紫苏炒瘦肉、沙炒银杏果等。其中冰糖百合里还可以加入桂花、青梅，入口清爽，清肺润肺，几乎适合所有人群。

苏菜：1500年的美食体系

在八大菜系里，江苏的苏菜、浙江的浙菜分别是两个菜系，但是因为二者风格相近，所以经常被统称为江浙菜系。夹在江苏和浙江中间的上海，融会贯通了苏菜和浙菜，又有中西合璧的特色，逐渐形成了“本帮菜”。

苏菜历史悠久，早在2000多年前，苏菜所在地的吴国，人们就已经能够非常熟练地制作烤鱼、蒸鱼和鱼片。南北朝时期，苏菜菜系已经成型。特别值得一提的是，南京人把鸭子吃出了各种花样，金陵片鸭随着永乐迁都传入北京，就成了大名鼎鼎的北京烤鸭。

苏菜偏甜，对很多外地人来说，可以说是“甜到发指”。排骨要做成蜜汁排骨，豆干也要做成蜜汁豆干。苏菜偏甜的传统，跟欧洲王室贵族嗜甜的原因不谋而合。古代，糖作为稀有物资，是饮食中的奢侈品。想吃到糖，首先要买得起，其次就是要买得到。正因如此，吃得起糖，就变成了身份尊贵的象征。久而久之，就形成了苏菜重糖的风格。

除了重糖，苏菜还特别重鲜。即使是闻名遐迩的南京盐水鸭，也没有让咸味盖过鲜味。苏菜中对于常见的长江四大鱼：鲥鱼、鮰鱼、刀鱼、鲅鱼，更是以鲜为主，绝不会让任何杂味破坏了鲜味。

苏菜里的淮扬菜，多以江湖河鲜为主料，以顶尖烹饪技艺为支撑，以本味本色为宗旨，制作精细，追求本味，清鲜平和，浓醇兼备，素有“东南第一佳味，天下之至美”的赞誉。

淮扬菜刀工精细，瓜雕尤其精美。淮扬菜挑选食材，大多是当地当季，这样能够确保食材的最佳状态，因为淮扬菜格外看重一个“鲜”字。相比其他菜系，淮扬菜能满足绝大多数人消化吸收的要求，对牙齿也很友好，因为淮扬菜大多软烂不费牙，制作方式也多以炖、焖、煨、焐为主，味道清鲜平和，摆盘清新雅致，色彩鲜明，好看又好吃。

淮扬菜经得起低糖、低盐、少油、少辣等全方位考验，再加上选料讲究，摆盘精致，口味清淡，所以一直都是国宴首选。1949年10月1日晚在北京饭店举行的史称“开国第一宴”的盛大国宴，淮扬菜也是表现出色，从此有了国宴名菜的美誉，多次出现在接待外宾的国宴上。

美国前总统尼克松访华时，国宴菜单为芙蓉竹荪汤、三丝鱼翅、两吃大虾、草菇盖菜、椰子蒸鸡。新中国成立60周年国宴的菜单是干贝银丝汤、清炒虾球、酱烧小牛排、茭白鲜蔬、柠香银鳕鱼。2016 年杭州的G20峰会上，国宴菜单是清汤松茸、松子鳜鱼、龙井虾仁、膏蟹酿香橙、东坡牛扒。以上这些都是以淮扬菜为主的苏菜浙菜。

中国烹饪界有一个16字箴言：“食在广州，味在四川，汤在山东，刀在淮扬。”说的就是淮扬菜对刀工的苛刻要求。淮扬菜正是因为注重刀工，使得一道菜的制作包含了诸多工序，能把很多原本并不名贵的食材做出非常高级的感觉，又不显浮夸。比较典型的一道刀工菜——文思豆腐羹，主料不过是一块内酯豆腐。刀功精湛的大厨却能将其切出上万根细如发丝的豆腐丝，然后用各种配料与高汤烧开、勾芡，再将切成细丝的豆腐缓缓推入锅中，顺着一个方向让豆腐丝游动起来。豆腐羹上桌，一勺入口，豆腐丝若有似无的感觉，就在舌尖慢慢荡漾开来。

淮扬菜里的另一个招牌菜“狮子头”，也是极其考验刀工的一道菜。正宗的狮子头，先将肉手工切成石榴粒般大小，再把瘦肉和肥肉以三七或者四六的比例搅拌均匀，让每一颗瘦肉粒都包裹着肥肉粒，这样做出来的狮子头口感才够细嫩。这也是肉泥无法达到的口感。

蟹粉狮子头

浙菜：南北菜系大融合

浙菜不像苏菜那么重糖，但是有一点跟苏菜相似，就是对鲜味的追求。“上有天堂，下有苏杭”，浙江作为中国东海之滨，山清水秀，物产丰富，一直都是鱼米之乡。西南丘陵盛产山珍野味，东部沿海水产富饶。虽然浙菜和苏菜都有大量的水产菜品，但是浙菜更擅长海产，苏菜则多为淡水水产。

靠山吃山，靠海吃海，可是进山出海都有季节限制。为了更好地储存食物，浙江人就想出了很多腌制食物的手法。比如用新鲜海鳗晾干做成的鳗鲞，还有大名鼎鼎的金华火腿。浙江人甚至对山珍蔬果也有腌制心得，比如梅干菜，是扣肉的最佳搭档。

1127年，南宋迁都杭州，来自河南的中原饮食对原有的浙菜体系造成很大冲击，浙菜也逐渐变得兼容并蓄，形成了“南料北烹”的一大特色。南宋《梦粱录》曾经有记载，当时“杭城食店，多是效学京师人，开张亦御厨体式，贵官家品件”。其中最有传奇色彩的一道菜，当属宋嫂鱼羹。唐宋时代，如果女子能做得一手好菜，那就会成为远近闻名的“大好女子”，可以去酒楼做女厨，也可以到富贵人家做厨娘，手艺好的甚至可以进宫给皇帝做饭，成为宫中的“尚食娘子”；如果不想出去工作，凭借自己的好手艺，也完全可以为自己谋得一门好亲事。“宋嫂鱼羹”就是在这样的背景下诞生的。宋代这位五嫂，因为给宋高宗做了一道鱼羹，得到了皇帝的称赞，于是凭借这一道菜名扬天下，成为远近闻名的富婆。

还有到现在都随处可见的“杭州小笼包”，也是“南料北烹”的典型。南方人很少吃面食，但是杭州人却酷爱小笼包，渊源正是河南开封迁都杭州。而且杭州小笼包入乡随俗，从开封的大个头，变成了杭州小巧可

✕ 龙井虾仁

爱的缩小版。杭州小笼包与北方的小笼包还有一个区别，就是包子皮没有经过发酵，用的是死面，蒸熟之后的包子皮晶莹剔透，薄薄一层皮却十分筋道，包裹着馅里面的汁水，虽然是肉馅，却清爽宜口，吃多了也不会觉得腻。

到了明清时期，杭州又成了全国的著名景点，上至帝王将相，下至文人骚客，从全国各地来到杭州，极大地促进了杭州服务业的发展，浙菜也愈发博采众长，不仅品种多样，从菜名到卖相也愈加雅致，比如龙井虾仁，以龙井茶入菜，本身就已经很风雅，新鲜河虾的虾仁颗颗晶莹饱满，龙井茶尖青翠欲滴，真的是色香味俱全。

浙菜里除了如龙井虾仁一样高雅的菜，还有很多以“臭”闻名的菜。这也是因为古时没有冷冻技术，食物如果想长时间保存，就要腌制。浙菜的腌制也有自己的特色，不是只有咸味，还有臭味。比较著名的，像宁波三臭：臭苋菜、臭菜心、臭冬瓜。当地人对三臭的喜爱，甚至超过了名声在外的宁波臭豆腐。雅俗共赏的浙菜，完美展现了浙江的地理和物产条件。

闽菜：绝不只有佛跳墙

福建位于中国东南部，既靠海也多山多丘陵。这样的地形特征，不仅形成了福建地区多样的方言，也形成了闽菜的不同口味。由于地缘关系，闽东地区口味接近江浙，闽南地区接近潮汕，非沿海地区，口味更加接近江西。

闽菜在八大菜系中最没有存在感。出了福建，很难吃到地道的闽菜，甚至连福建菜馆都很难找到。作为闽菜招牌的佛跳墙，往往要在粤菜馆才能吃到。至于全国各地能吃到的沙县小吃，并不能真正代表沙县特色，更不用说代表福建。

真正的福建馄饨，当地人称之为“扁食”，肉馅是用木棍手打，打成肉泥，然后包进馄饨里。这种做法很像潮汕的牛丸，都是靠人工用棍子捶打而成，使肉的纤维不断延展，最终才能成就弹牙且爽滑的口感。闽菜里的肉馅，几乎都是用这种木棍手打的手法制作的。闽菜里的很多菜品，即使食材简单易得，做法也非常繁琐讲究，这也是正宗闽菜难以推广的一个原因。

福建人爱煲汤，就连扁食的汤，都是用猪骨慢火慢炖熬出来的白汤。福建人把所有煲汤的心得融汇成了一盅浓香四溢的佛跳墙，流传百年有

佛跳墙

余，还曾经多次登上国宴，深爱外国宾客的喜爱。

佛跳墙不仅在国宴争光，也撑起了闽菜的门面。其实闽菜的荔枝肉、两煎肝、封糟鳗鱼、芋泥、红鲟糯米饭都是十分惊艳的菜品，鲜甜清爽，入口回甘，汤品既滋补又养生。

闽菜也有很多小食，而且闽菜小食大多有个特点，就是卖相虽然一般，但是口感十分惊艳，最典型的就是各种“粿”。在潮汕，凡是用米粉、面粉、薯粉等混合加工制成的食品，都统称为“粿”。如果不用特制模具，很多的粿在卖相上确实不够讨喜，但是不管是甜味还是咸味，一口咬开，都能感受到粿里的米香、麦香、薯香，更不用说搭配了各种食材精心制作的粿，比如像虾饺一样晶莹剔透的韭菜粿、现在已经吃不到的鲎粿。

闽菜里还有一道非常有名的蚵仔煎，当地人一定会大加推荐，甚至于很多电视剧里都经常出现，但是外地人第一次吃的时候，往往会觉得口感很奇怪。尤其是不经常吃海鲜，或者不喜欢吃海蛎子的人，会比较难接受海蛎子的腥味以及木薯粉的黏腻。但是对于从小吃这一口长大的人来说，却是最难忘的家乡的味道。蚵仔煎与蚝烙虽然主原料相同，但是烹制手法还是有所区别，蚵仔煎更加软糯，而蚝烙则十分酥脆，口感上更容易被外地人接受。二者蘸酱也不同，蚵仔煎配的是甜辣酱，蚝烙蘸的是鱼露，口感各有千秋。

很多人都说一定要去一次潮汕品尝美食，其实福州、泉州也非常值得去，只有亲自前往，才能品尝到正宗又低调的闽菜。

粤菜：开遍全球的粤菜馆

粤菜与中原菜系一脉相承，这与历代移民带来的中原饮食文化有关。广东文化分为广府文化、潮汕文化和客家文化，与之相对应的，粤菜也分为广府菜、潮州菜、客家菜。广州作为千年的内外贸易口岸和港口城市，为粤菜博采众长提供了便利。但是不管怎么变，粤菜始终讲究一个“鲜”字。

广东地处中国南部，横跨北回归线，属于亚热带季风气候。在这个四季并不分明的地方，粤菜却极其遵循四时寒热温凉的变化，不同季节选取不同食材，搭配不同味道，以食物应和四时，使五脏之气处于平衡，真正贯彻了中医养生理念的“医食同源”。比如夏季消暑祛热，食材多选用冬瓜、苦瓜、薏米、白扁豆、玉米须；秋季滋阴养肺，又会选用百合、银耳、梨子、蜂蜜。

粤菜的汤羹看重的是食材与药材的搭配，粤菜馆里的汤品通常是按一人份用盅装好上桌，种类繁多的老火汤又以霸王花炖猪肉、冬虫草炖竹丝鸡、西洋菜炖猪骨等为代表。因为老火汤多搭配药材，所以格外注重季节和食材禁忌。

除了老火汤，广府美食里还有绕不开的“叹早茶”。各种糕点、蒸饺、蒸菜、粥和粉，一个个摞起来的小笼屉，令人目不暇接。就算每天早上不重样地吃，也能让人吃上一个月。如果行程紧凑，不能吃上一个月，那么必点的几样，几乎是去哪家茶楼点了都不会踩雷的：虾饺、榴莲酥、叉烧包、皮蛋瘦肉粥、糯米鸡、艇仔粥、蒸凤爪、蒸排骨……其实只要推过来的餐车里能让自己一眼看上的，只管拿来吃就好，因为广东早茶竞争的激烈程度，就像重庆火锅一样，大浪淘沙，能活下来的茶楼，就像那些能开下去的火锅店，味道都不会差。

潮汕菜系特别擅长烹制海鲜，食材要极致新鲜，味道清而不淡、鲜而不腥、郁而不腻，代表菜品有鸳鸯膏蟹、蚝烙、清汤蟹丸等。潮汕菜系真的是把海鲜吃出了各种花样，这一点，就像南京人吃鸭子，花样百出。但是海鲜毕竟品种更丰富，同样的食材，比如生蚝，在潮汕菜系里都能衍生出几十种不同做法。

粤菜里的客家菜同样注重鲜美，讲究原汁原味，但是相比潮汕菜系和广府菜系，又多了几分"肥腻咸"，但这也只是在粤菜大体系内相比，如果跟八大菜系里其他菜系相比，客家菜还是要清淡得多了。同样是做扣肉，浙菜用腌制的梅干菜，粤菜里用的就是青翠鲜嫩的梅菜，浙菜里的梅干菜扣肉比粤菜的梅菜扣肉可是"肥腻咸"得多。

叉烧肉

粤菜里也有腌制的菜品，但是粤菜的腌菜可以说是所有菜系的腌菜里色香味俱全的，代表菜品就是烧腊和卤水。烧腊，是烧和腊两大类，烧鹅、叉烧这都是“烧”类，腊肠、腊肉等这些属于“腊”类。区别就是，烧类需要先用秘制酱汁腌制，然后再放到烤炉里烤。粤菜语境下的卤水，说的其实是卤味，潮汕菜里常见的有卤鹅、卤鸭、卤肉和卤蛋。粤菜的美味，是那种单看图片都能让人垂涎欲滴的，可见粤菜对菜品的卖相要求之高。

粤菜里还有一种看上去平平无奇的菜品，白切鸡。看上去好像很清淡，索然无味，就像川菜里的开水白菜。但是蘸了蘸料，哪怕就是最简单的香油蒜汁，入口之后就会发现，被它朴实无华的外表欺骗了，味道比外表美得多。如果到了海南，吃到贡品文昌鸡做成的白切鸡，配上当地小青桔做的秘制蘸料，再配一碗鸡油米饭，吃下的根本就不是鸡，而是满满的幸福感。

粤菜从早茶到正餐，从餐前开胃小菜，到主菜、汤品，再到主食，餐后甜品，每一顿饭，每一个环节，都极其讲究，又极尽美味，所以也就不难理解，为什么粤菜能够开遍全球，几乎有华人的地方都有粤菜馆。

八大菜系或多或少都受到了鲁菜的影响，比如宫保鸡丁，贵州人丁宝桢在山东做巡抚，带了个山东家厨，丁宝桢在四川任总督时，家厨改良做出的宫保鸡丁，惊艳众人。川菜、鲁菜、贵州菜都把这道菜收录进了自家菜系，但是这道集众家之长的菜，到底应该算哪家呢？人口流动带来的文化融合，在饮食上得到了充分体现。也许在不久的未来，随着人口流动更为频繁和便利，各菜系之间的边界也会越来越模糊。

PART 03
走向世界的中国美食

只要有了评分体系，任何行业都会变成竞技场，餐饮也不例外。当餐厅也成为“追星族”，渴望来自国际评分体系的认可，这种追求难免就会成为一把双刃剑：一方面会倒逼餐厅全方位提升品质，另一方面多少会影响对菜品的专注度。因为评分不止看菜品，考核的方面还有很多。

所以最公正的评价，永远来自目的最单纯的食客。中国有句老话：金杯银杯不如老百姓的口碑，金奖银奖不如老百姓的夸奖。餐饮业尤其如此。大浪淘沙，最终能得以传承的美味，一定是因为扎实的食材和妙不可言的口感。越来越多的中国美食也意识到了品牌的力量，在国内打好基本功，然后把美食带到了国外。

老干妈，虽然只是一款调味料，但是也日益成为一个美食符号，以其购买之便利，口味之难忘，成为很多国际友人尝试中国美食的起点。

几乎能在中国所有城市见到的街边小店“沙县小吃”，在2018年开在了美国纽约的第八大道上，开业仅3小时就被迫关门，因为生意太过火爆，所有食材均已售罄。如今沙县小吃已经开到了全球62个国家和地区。

杨铭宇黄焖鸡，从2011年创办至今，在全球已经有6000多家门店。“只有一道菜”的概念已经征服了食客，口味只有正常、微辣和加辣，饮料也

× 中国美食

只有软饮，治愈选择困难症，为食客们节约了思考的时间。

兰州拉面，曾经因为两个日本人，火遍了全东京。酷爱兰州拉面的进藤和清野，四次飞往兰州，拜访马子禄牛肉面第三代传人马汀，终于得以拜师学艺。前后学了三年，才获准在日本开了第一家马子禄牛肉面的拉面店。一清、二白、三红、四绿，辣油香而不辣，汤汁浓却清爽，白萝卜和牛肉互补，色香味俱全。当食客们亲眼看到，一个普通面团经过几十秒就被抻拉出宽窄形状各异的面条，第一反应都是惊叹拉面师是“魔术家”“艺术家”。如今兰州牛肉拉面已经在日本、俄罗斯、加拿大、新加坡、美国、巴西等40多个国家和地区开枝散叶。

还有大受韩国人欢迎的麻辣烫、开到意大利的武汉热干面、征服俄罗斯的糖葫芦，以及全球中餐馆里的必点菜麻婆豆腐、宫保鸡丁、糖醋鸡柳、夫妻肺片等，早已成为中国美食文化代言人享誉世界。

随着全球化的发展，信息变得扁平化且传播越来越迅捷，交流也变得越来越紧密，世界各地的美食也越来越多地在世人面前曝光。这时人们才

✕ 俄罗斯饺子

发现，原来在世界各地不同地区，说着不同语言的人们，在同样的食材上，竟然不约而同选择了很多相似的烹饪方式。很多美食，都已经无法考证究竟是舶来品还是本土品。

比如在中国北方过年必吃的饺子，在中欧、东欧地区竟然也极为常见，只是馅料的选择不同，波兰人会在饺子馅中加入黄油。饺子熟了以后，用洋葱、黄油煎着吃，或者直接蘸酸奶油吃。俄罗斯人把饺子称作Pelmeni，是将猪肉馅、牛肉馅、羊肉馅混合在一起包饺子。除了肉馅饺子，俄罗斯饺子还有土豆馅、小香菜馅，甚至奶渣馅、水果馅。日本的饺子是“二战”结束后从中国传过去的，叫Gyoza，类似中国的锅贴。在日本，人们一般不会把饺子作为主食，而是当成下饭菜，配米饭吃。

在中国长江流域，腌制火腿是传统的民间美食。火腿的腌制要经过腌渍、曝晒、晾挂，每一个环节都有数道工序，精细复杂，经过数月甚至一年，才能够最终呈现剔透的玫瑰色。距离中国9000多公里的西班牙，人们以火腿为本地的特色美食名片。

× 日本饺子

宜菜宜饭的土豆，在中国黄土高原被舂制成当地的特色食物——洋芋搅团，配上韭菜和油泼辣子，再来一勺酸辣辛香的浆水，熟悉它的西北人哪怕只是听到这个名字，就已经口舌生津了。而相似的做法也出现在西餐中，用牛奶融化土豆泥，搅拌均匀后加入大量奶酪，就成了美味的瀑布土豆泥。

饮食是人类自我认知中的核心部分。对于未知事物，人们都会有好奇和恐惧，排斥未知饮食，免于自己被未知食物侵袭，进而影响到自我认同，这或许是人的一种本能。自我认同感越强，这种本能也会越强。化解偏见最好的办法，就是亲身"尝试"，是真的要"尝"。

如果有人不喜欢中华美食，那一定是因为没有吃到正宗的中餐。因为中餐实在太大、太丰富了，几乎能满足所有人的所有口味，鲜、香、醇、咸、甜……各种口味、各种口感、各种食材、各种烹饪方式，无论想吃什么，总能从中餐中找到各自的"心头好"。